食品安全出版工程
**Food Safety Series**

总主编　任筑山　蔡威

上海市文教结合
"高校服务国家重大战略出版工程"资助项目

U0270290

# 新资源植物性食品的风险评估与风险管理
## ——概念与原理

## Risk Assessment and Management of Novel Plant Foods
### Concepts and Principles

【丹】伊布·克努森　【丹】英奇·赛伯格
【丹】福尔默·埃里克森　【丹】克尔斯滕·皮勒高　【丹】简·佩德森　著

刘少伟　译

上海交通大学出版社
SHANGHAI JIAO TONG UNIVERSITY PRESS

## 内容提要

　　本书从食品安全与风险评估的角度,论述了作为新资源的植物性食品的风险评估与风险管理方面必须考虑的问题。前言和总论主要介绍了相关的背景,各国的相关法律法规及现状;第3章和第4章论述了新资源植物性食品的历史经验和具体事例;第5章和第6章讨论了新资源植物性食品进入欧洲的可能性及相关的安全性评估;第7章重点介绍了新资源植物性食品上市前风险评估的方法工具;第8章和第9章介绍了新资源植物性食品的风险管理及交流。

　　本书可作为相关学科高年级本科生和研究生的参考用书,也可供相关人员参阅。

Risk assessment and risk management of novel plant foods
Concepts and principles
TemaNord 2005:588
© Nordic Council of Ministers, Copenhagen 2005

## 图书在版编目(CIP)数据

新资源植物性食品的风险评估与风险管理/(丹)克努森等著;刘少伟译.—上海:上海交通大学出版社,2017
ISBN 978-7-313-14210-8

Ⅰ.①新…　Ⅱ.①克…②刘…　Ⅲ.①食用植物-食品安全-安全管理-研究　Ⅳ.①TS201.6

中国版本图书馆 CIP 数据核字(2015)第 299161 号

**新资源植物性食品的风险评估与风险管理**

| | | | |
|---|---|---|---|
| 著　者:[丹]克努森等 | | 译　者:刘少伟 | |
| 出版发行:上海交通大学出版社 | | 地　址:上海市番禺路 951 号 | |
| 邮政编码:200030 | | 电　话:021-64071208 | |
| 出版人:谈　毅 | | | |
| 印　制:上海万卷印刷有限公司 | | 经　销:全国新华书店 | |
| 开　本:710mm×1000mm　1/16 | | 印　张:5.75 | |
| 字　数:97 千字 | | | |
| 版　次:2017 年 12 月第 1 版 | | 印　次:2017 年 12 月第 1 次印刷 | |
| 书　号:ISBN 978-7-313-14210-8/TS | | | |
| 定　价:48.00 元 | | | |

版权所有　侵权必究
告读者:如发现本书有印装质量问题请与印刷厂质量科联系
联系电话:021-56928277

食品安全出版工程

# 丛书编委会

**总主编**

任筑山　蔡　威

**副总主编**

周　培

**执行主编**

陆贻通　岳　进

**编　委**

孙宝国　李云飞　李亚宁

张大兵　张少辉　陈君石

赵艳云　黄耀文　潘迎捷

# 译者序

自 2007 年我国颁布"新资源食品管理办法"以来，新资源食品的热度就一直不减。按照新资源食品在"管理办法"中的定义，新资源食品是指：(1) 在我国无食用习惯的动物、植物和微生物；(2) 从动物、植物、微生物中分离的在我国无食用习惯的食品原料；(3) 在食品加工过程中使用的微生物新品种；(4) 因采用新工艺生产导致原有成分或者结构发生改变的食品原料。其中，在我国无食用习惯的植物类食品是新资源食品中的一个重要类别。然而，纵观本书，作者认为新资源食品是指：在广泛社会中缺乏可以确认使用安全知识的非传统食品，或者由于具备组分、有害物质含量、潜在不利影响、传统准备和烹饪、消费模式和水平等特征而引起更高安全担忧的非传统食品。这一定义与我国的定义有所不同。

经过长期的工作，我发现新资源植物食品有着强烈的地域性，在国际组织和各国政府中进行评价与批准可能有一定困难。可以确定的是，几乎所有的植物性食物，都很难得到与其安全食用历史相关的科学记录。此外，我查阅了一些国家的法规，发现将新资源植物食品引入各国市场，需要建立新资源植物性食品的安全体系。另一方面，虽然关于分离提取植物产品的安全评估方法目前已经很完善，如糖类、脂肪及其他已确定的化学物质，但是没有统一的国际方法来评估复杂性食品的安全，如水果、蔬菜及新资源来源的其他植物部位。因此，我翻译这本书，期望通过审查其他国家对新资源植物食品的规范和评价方法，来完善我国对新资源植物食品的规范和评价方法，发展一个来自于植物的所有食品的安全评估指南，通过在一个国家或地区中没有或只有有限的相关植物安全食用的记录历史。

我对本书的主要内容进行了一些总结，本书讨论了新资源植物性食品安全性评估法则和概念，这里的新资源植物性食品更加侧重于没有安全食用史的异国水果和蔬菜。我想，作者编著本书的最终目标是根据最新科学认识提出一种安全性评估程序。作者希望，通过解释每一部分需要做的事情，最终确定风险管理和风险评估在过程中明确的角色定位，进而将新资源植物性食品推向市场，从而使得外来水果和蔬菜安全评估进一步完善。

就如何规范和评价新资源植物性食品而言,我与作者有着相同的想法,均在本书中体现。欧盟、澳大利亚/新西兰和加拿大已生效的新资源食品法规区分了传统植物性食品和新资源植物性食品,这对于我们国家而言,是一个很好的例子,通过制定一系列的定义和标准的方法,来分辨一种植物性食品是传统的还是新资源的,同时,针对这种没有或只有有限的安全食用记载的植物来源食品,提出一种安全评估方法,才能够确定该新资源植物性食品是否是安全的。

我认为,在新资源植物性食品这个领域,无论是从横向还是纵向,都要对管理和科学两者进行连续交互式的观念渗透,以确保选择最好的、合法的、科学的方法。这一点,北欧事务委员会给我们提供了很好建议:应用两个步骤管理程序,一是确定新资源性,二是确定和保证用于安全评估的资源。应用全球性、地区性、本地民族的植物列表网络用来指导第一步的食品植物的新资源性,并在第二步能够用来保证安全评估。

最后值得一提的是,加拿大和澳大利亚/新西兰以及欧盟都有新资源食品法规。但对于"什么是新资源食品"的定义各不相同,但是这些法规的共同点是要求这类食品做售前安全评估。这也是我翻译本书的原因,在监管框架内增强对新资源食品的认识,进而进行安全性评估,在管理上和科学上既相互独立,又相互联系,只有这样才能够在最大程度上保护人民的安全和健康。

该书可以作为食品企业的从业者,微生物学家、食品科学家和工艺学家等学者,咨询师,教授以及学习新资源食品的教师和学生的教材与参考书。尤其适用于政府监管人员、公共和环境健康人员提高能力时使用。同时该书也可以作为食品科学、食品技术以及微生物学等研究机构和大学图书馆的藏书。

本书由华东理工大学刘少伟组织翻译,张健、刘静、周士琪、周定鹏、左红等人员共同完成了本书的翻译、录入、校对等工作。

译者在翻译的过程中,对原书存在的一些明显错误进行了修改,以便进行正确的翻译。

由于知识和翻译水平有限,书中难免会有疏漏和错误的地方,欢迎各位专家和读者批评指正。我的 E-mail 是:swliu@ecust.edu.cn.

# 前　言

北欧食品议题高级官员委员会隶属于北欧部长理事会,主要职责是协调北欧食品领域的工作。其中食品毒理学和风险评估的北欧工作组(NNT)职责是负责促进北欧国家之间有关食品毒理学和风险评估事宜的合作和协调。

出资建立项目工作组的目的是探讨那些缺乏或有限的安全消费记录的植物性食品的定义、规范和评价,并就这些食品的安全性评估提出了策略。这项工作最初为负责新资源食品和饲料安全的经合组织专职小组集团工作的一部分,北欧项目组为牵头"国"。经合组织专职小组集团决定暂时不将这项工作纳入其工作范围,但使用最后来决定今后这一领域的发展方向北欧报告。

该项目组由以下成员组成:

| Jan Pedersen(主席) | 丹麦食品与兽药研究学院 | 丹麦 |
| --- | --- | --- |
| Ib Knudsen | 丹麦食品与兽药研究学院 | 丹麦 |
| Folmer D. Eriksen | 丹麦食品与兽药研究学院 | 丹麦 |
| Inge Søborg | 丹麦食品与兽药研究学院 | 丹麦 |
| Leena Mannonen | 贸易与工业部 | 芬兰 |
| Christer Andersson | 国家食品管理局 | 瑞典 |
| Arne Mikalsen | 挪威食品安全科学委员会 | 挪威 |

该报告由 Knudsen, Inge Søborg, Folmer Eriksen, Kirsten Pilegaard 和 Jan Pedersen 编辑和准备。为了就这一主题征集全球范围内的观点,特别召开了国际研讨会来讨论报告草案。本次研讨会于 2005 年 5 月 18 日至 19 日在哥本哈根举行,研讨会的参与者应邀介绍他们的背景并就现状发表他们的个人观点,把有用的信息和新的想法反馈给北欧项目组。

研讨会参与人员：

| Nora Lee | 加拿大卫生部 | 加拿大 |
|---|---|---|
| Leanne Laajoki | 澳洲新西兰食品标准管理局(FSANZ) | 澳大利亚 |
| Marten Sørensen | 皇家兽医与农业大学 | 丹麦 |
| Kirsten Pilegaard | 食品与兽药研究所 | 丹麦 |
| Jørn Gry | 食品与兽药研究所 | 丹麦 |
| Morten Poulsen | 食品与兽药研究所 | 丹麦 |
| Heddie Mejborn | 食品与兽药研究所 | 丹麦 |
| Hanne Boskov Hansen | 丹麦兽药和食品管理局 | 丹麦 |
| Jiri Ruprich | 国家公共卫生研究所 | 捷克共和国 |
| Michael Hermann | 哥伦比亚国际粮食政策研究所 | 哥伦比亚 |
| Mar Gonzalez | 经合组织,环境局 | 法国 |
| Päivi Mannerkorpi | 消费者保护总局 | 比利时 |
| Karl-Heinz Engel | 欧洲食品安全局 | 意大利 |
| Samuel W. Page | 世界卫生组织 | 瑞士 |

NNT 负责报告、结论和建议的文本记录。

这份报告已被审查,并在 2005 年 9 月被 NNT 接收。

# 术　语

**食品**：食品以及食品添加剂。

**植物**：传统植物是指不使用基因技术栽培的和来源于野生的植物。

**植物性食品**：是指作为食品的产品拥有多种复杂且整体性相互作用的化学成分，范围：从蔬菜和水果，到复杂的植物产品，如面粉、植物油、纤维和蛋白质，这些产品与作为基础的单一化学成分组成的纯化学物质不同。

**传统食品**：在人类消费历史过程中被广泛作为食物，经几代人食用，而且在全球、某区域、本地或一个族群内通常被认为安全的食品。

**非传统食品**：在广泛社会中没有被人们世代作为普通饮食的一部分，且没有显著消费历史的食品。

**新资源食品**：在广泛社会中缺乏可以确保食用安全非传统食品，或者由于它们的组分、有害物质含量、潜在不利影响、传统制备和烹饪、消费模式和水平等因素而引起的安全担忧。

**传统食用性植物的全球清单**：这张全球清单是通过名称和为传统食品提供特定植物材料来进行划分的。

**传统食用性植物的区域清单**：由在区域级别上所涵盖的为传统食品提供特定植物材料的单个清单组成的一组清单。区域的概念可以通过 WHO/ FAO 的 GEMS 中描述的 5 个区域饮食模式的基础上进行定义：中东、远东、非洲、拉丁美洲和欧洲(包括澳大利亚、加拿大和美国)，或者是像欧盟或澳大利亚/ 新西兰(简称澳新)这样的经济或监管实体。最终确定的名单应该涵盖世界所有地理区域，从而相辅相成。

**传统食用性植物的本地清单**：在本地级别上为传统食品提供特定植物材料的清单。"本地列表"可以涵盖欧盟，或者像丹麦和中国这样的单个国家，或在地区或国家内有混合族裔人口的地区。

**传统食用性植物的民族植物清单**：来自个体族群的为传统食品提供特定植物材料的单个清单。"民族植物清单"是被用以涵盖一个固定族群如：澳大利亚土著，已确立的植物性食物饮食习惯清单。

**使用史**：使用史的相关数据是指植物物种和食物成分的特性还有包括食品使用历史证据资料，可能的不良影响，以及在人类中种植/收获、加工制备的方法、摄入量等其他特性的影响等方面的信息收集。

**食品安全使用史**：用于使食品在社会中被普遍认为是安全的安全资格认定术语。食品安全性的证据来自于其成分数据以及作为一种被很多世代在广大遗传多样性群体中所接纳的饮食的食用史。这样的术语定义是确保了特定的使用情况（如使用条件，所用植物的定义和必需的处理方法），并允许轻微的群体倾向，如不耐受和过敏。

# 目　录

# 总　　论

在全球,从植物性食物中摄取的95％人体日常所需卡路里是由30种植物供应的。在欧洲,剩余的5％是由其他300多种植物提供的。这30种和300多种植物上的某些部位有可能提供新资源食物,迄今为止,这些新资源食物在人类食物供应中从未使用过。而在世界的其他地方,新资源食物的主要来源是传统用于食物供应中的其他7 000种植物。这份报告关注来源于这7 000种植物的新资源食品将何时进入欧洲市场。

分析欧洲过去和现在引入的新植物食品的历史经验,如:油菜籽、羽扇豆、猕猴桃、腰果、杨桃、南海果、诺丽果汁和木薯等新资源食物,结论是将这些食物引入到一些从未有这种食品的国家和地区时,需要特别的关注,如木薯的引入。

报告的出发点是欧盟、澳大利亚新西兰和加拿大已生效的新资源食品法规。在这三个地区的法规区分了传统植物性食品和新资源的植物性食品,因为新资源食品需要经过一项上市前评估程序。由于这个法规很新,是从1997年开始的EU法规,执行此法规的科学管理方法仍在发展中。

在这种情况下,文中提出通过制定一系列的定义和标准的方法,来分辨一种植物性食品是传统的还是新资源的,同时,针对这种没有或只有有限的安全食用记载的植物来源食品,提出一种安全评估方法。

北欧事务委员会建议如下:

● 应用两步管理程序:一是确定新资源性,二是确定和保证用于安全评估的资源。

● 应用全球性、地区性、本地民族的植物列表网络用来指导第一步确定食品植物的新资源性,并在第二步能够用来保证安全评估。

在两步管理程序中的第二步中,建立一个风险相关文件,录有利益相关者,这个领域的科学家和消费者代表,需考虑产品自身的情况,预期摄入量,使用史,及风险价值,如:人体健康,经济,其他潜在的结果,以及对于风险和利益的消费观念和社会分布等等。如此讨论的植物列表是与使用史进行过整合的。通过这一阶段的讨论得出以下结论:植物性食品在地区或本地水平上是否是传统的,或者在这个地区是否是传统意义上的民族食品,又或者实际上它就是一种新资源的植物性食品,这需要按照法规进行评估。

在两步管理程序中的第二步中,程序决定了第一步中被定义为植物性食品的风险评估政策。风险评估政策确定了科学数据的范围和顺序,这对上市前的科学风险评估是有利的。

对于从一个地区到另一个地区的外来水果和蔬菜的顺利引进来说,NNT 推荐使用安全观念作为上市前的核心要素。由申请人提交的数据在某种程度上可以支撑产品的安全食用史,这样才有可能被批准。

为了支持和易于使用高质量的"使用史"数据,NNT 推荐开发关于可食用植物列表的全球网,以便在全球、局部地区、当地或那些拥有民族性植物的食品的地区认识到植物是食品的一种来源。每一种列表都应该反映植物性食品的使用情况及进展。当这些信息可用时,应当建立一个关于全球植物性食品使用的蓝图。NNT 期望整合所有列表数据,使得植物性食品及其成分的安全性和有益性不因政治、经济和文化限制而得到多方认可。NNT 建议所有列表要在国际认可的原则下发展,在国际认可的标准下建立,从而得到认同,如 WTO,并且强调所有列表应该给予可靠的、高质量的信息和恰当的参考资源,以满足严格的科学评估的认同。

这份报告提供了一个关于食品安全领域的建议,这些领域缺乏科学经验。所有的概念都很新,且原则也没有被传统监管所固定。因此,NNT 强烈建议在这个领域,无论是从横向还是纵向,都要对管理和科学两者进行连续交互式观念渗透,以确保选择最好的、合法的和科学的方法。

# 1 引　言

本报告涉及的部分新资源食品,即新资源植物性食品和新资源植物性食品原料(以下命名为:新资源植物性食品),主要侧重于从该国家或地区中未知的植物中提取的新资源食品。本报告不涉及来源于转基因植物性食品,仅仅是来源于通过常规育种或野生栽培的植物。

本报告目的是对所有来自于一个国家或地区尚未有或只存在有限的相关植物安全食用记录的植物制定一个安全评估指南。几乎所有的植物性食物,都很难得到与其安全食用历史相关的科学记录,即使它们已经被人们食用了几百年。然而,根据一些国家的法规,为了将它们引入市场,需要建立新资源植物性食品的安全体系。

因此,本报告将讨论新资源植物性食品安全性评估法则和概念,侧重于没有安全食用史的异国水果和蔬菜,最终目标是根据最新科学认识提出一种安全性评估程序。

虽然关于分离提取植物产品的安全评估方法目前已经很完善,如糖类,脂肪及其他已确定的化学物质,但是没有统一的国际方法来评估复杂性食品的安全性,如水果,蔬菜及新资源来源的其他植物部位。

在过去的 20 年中,转基因食品(GMO)的安全评估受到高度重视。一些国际报道认为用于转基因食品上的安全评估策略在很大程度上也可用于其他类型的新资源食品。同时也认识到,传统食品对人体健康的长期潜在影响尚且不清楚。然而,最传统的食物都被视为是安全的,因为食用后没有普遍地发生急性重症等不良反应。然而它们的安全性至今几乎没有被确定过,例如咖啡,相当一大部分人认为咖啡至少存在不良反应,但大多数人仍然认为咖啡是可以安全食用的。从转基因植物经验得到的另一个结论是,这类植物在推广到市场之前,应该已经能够确定其安全性,但实际上许多其他新资源食品并不符合这类情况。虽然上市前评估已被普遍接受,例如在食用或允许生产食品之前应彻底检测食品中的添加剂和杀虫剂,确保最终的产品没有健康风险。虽然有几个相关风险案例(见第 4

章），但是通过评估最终认为，来自新植物系或新异国水果和蔬菜的食物，从某种程度上来说其对人体健康并不存在有害影响。

考虑到水果和蔬菜没有安全食用史，所以有必要确定其潜在的安全问题。同样重要的是要确定对这些食物安全评估有用的信息类型，以及分析和检测类型，如果有的话，可能需要在上市之前获得。

当今国家，如加拿大、澳大利亚和新西兰以及欧洲联盟（欧盟）都有新资源食品法规。虽然关于"什么构成一种新资源食品"的定义各不相同，但这些法规的共同点是要求这类食品做售前安全评估。然而，对新资源食品进行风险评估的科学指导方针却很难达到一致，仍处于发展阶段，同时这些食品越来越受关注，且需要更多关于检测方面的经验。因此，对于形成如何根据现有知识进行安全评估的共识是非常有益的。我们以往的传统食用植物的育种经验，引进的外来植物新资源食品经验，及新资源食品的上市前审批，都将被纳入到新资源植物性食品安全评估的指南编写内容中。

与此问题息息相关的当然是新资源食品的定义。在监管框架内对新资源食品这一术语的认识是进行安全性评估的前提。"什么构成了一种新资源食品"的定义基本上是一个管理决策。这份报告为选择一种进行管理决策的有效方法提供了一些建议。这些建议也表明管理和科学在过程中有不同角色，并强调保持管理和科学的独立性。

因此，本报告的总体目标是，通过解释每一部分需要做什么以确定风险管理和风险评估过程中需明确的角色定位，进而将新资源植物性食品推向市场，从而使得外来水果和蔬菜的安全评估进程向前迈进一步。

# 2　欧盟和世界各国的法规

　　以下讨论的来自欧盟、加拿大、澳大利亚和新西兰的新资源食品法规已经被作为法规的范例。

　　英国被单独列出讨论是由于在其引入欧盟法规前就遇到了很多不同种新资源食品的安全评估问题。延长应用其他国家的这些法规，并未能在很大程度上改善新资源植物食品的评估与管理。

## 2.1　欧盟

　　制定于 1997 年 1 月，生效于 1997 年 5 月 15 日的《欧盟新资源食品法规》，其主要目标是保护欧共体内的内部市场运作以及保障公众健康。《欧盟法规》的第一篇文章（欧洲议会和欧委会 97 年第 258 号，1997 年 1 月 27 日）定义了将新资源食品定义为目前在欧共体内某一显著范围内未被人们食用的食品及其食品原料，分属以下几个类别：

　　a. 包含或者由《指令 90/220/EEC》定义范围内的转基因生物组成的食品和食品原料①。

　　b. 生产自但是不含有转基因生物的食品和食品原料。

　　c. 主要分子结构是新的或被改造过的食品和食品原料。

　　d. 由微生物、真菌和或者藻类组成或者分离出来的食品或食品原料。

　　e. 组成或分离自植物的食品和食品原料和从动物中分离的食品和食品原料，除了通过传统的繁殖和育种实践并具有安全食用历史的食品和食品原料。

　　f. 已被应用于目前没有被使用过的制造方法的食品和食品原料，且该过程会

---

① 该指令规定，在任何转基因生物、转基因产品或含有转基因生物的产品在暴露在环境中或投放市场之前，必须对其可能会给人类健康和环境所带来的风险进行评估，并且依据评估结果对其进行逐级审批。http://www. baidu. com/link? url = jqZd-XrwSQYWTnO4pwjpYXQ6PwAu8FOBufskWkJt5tbPfm-qzLmN8ATMhZ1GEkBnZvbK6tEr8Su_2Fl5WePjPa

在组成或结构上引起食品或食品原料的营养价值、代谢或不期望物质的含量上的显著变化。

原始的《欧盟新资源食品法规》主要集中在转基因生物（以上 a 和 b），但是这部分现在已经被移出了新资源食品法规，并纳入新的关于转基因食品和饲料欧盟法规第 1829 号/2003。《新资源食品法规》（第 258 号/97）的剩余部分将很快被修正。本报告阐述了《新资源食品法规》剩余的部分，只包括植物类别（e）。

《欧盟新资源食品法规》规定了一项对新资源食品的上市前审批制度，在它们被投放到欧共体市场之前必须经过安全评估。这项立法的目的是为公众提供新资源食品安全保证。在《新资源食品法规》已经生效之前，这类产品并不需要在引入市场前进行上市前许可。现在那些有兴趣进入欧洲市场买卖新资源食品的申请者，都需要向进入的第一个成员国市场的主管部门提出申请，并将申请副本发送到欧共体。该主管当局则负责执行主要的安全性评估。

当拥有许多不同类型新资源食品的《新资源食品法规》已经生效时，科学界提出了如何执行这些产品所需的安全性评估的艰巨任务。科学界所提出的艰巨任务被写入了 1997 年 7 月的《欧委会建议书（96/618/EC）》中，关注其科学性问题及支持新资源食品与食品添加剂上市申请的信息简报，同时还有在《欧洲议会和欧委会 EC 第 258/97 法规》指导下拟定的初步评估报告。这些准则都特别关注了转基因食品或通过新工艺生产的新资源食品（以上 a，b 和 f 类别），而较少涉及经传统育种或欧盟以外国家进口的新资源食品。

**英国**

现在英国关于评估新资源食品的规定都服从于欧盟的规定，但早在 1997 年英国就已经有了新资源食品法规，比起欧盟法规要早很多。1988 年 10 月，为了更准确地把握食品生物技术领域的迅速发展，卫生部、农业、渔业和食品部（MAFF）宣布，将辐照食品和新资源食品顾问委员会重组为新资源食品和加工程序顾问委员会（ACNFP）。ACNFP 委员会拥有独立组织，机构现在的职权范围比起 1988 年至 2003 年期间只是稍作改变：主要职责是在英格兰、苏格兰、威尔士和北爱尔兰对任何与新资源食品和新资源食品加工相关的事宜负责，包括食品辐照，并且在适当情况下需要考虑有关专家机构的意见（ACNFP，2004）。

ACNFP 有进行各种新资源食品风险评估的经验，如羽扇豆、藜麦和百香果籽油，因此在本报告能够给出有价值的贡献。由 ACNFP 进行的新资源食品风险评估实例可以在其年度报告中找到（ACNFP，1989－2004）。

## 2.2 加拿大

在加拿大,新资源食品必须经过上市前的安全评估。该法规是《食品和药品法规》的一部分,颁布于 1999 年 11 月。新资源食品安全性评估指南产生于 1994年,也就是在《食品和药品法规》生效之前。这条指南在修订和更新的过程中反映了最近的法规,也体现了通过《食品法典》对 DNA 重组植物和微生物的食品安全评估管理所达成的国际协议,同时又体现出对来自植物和微生物的新资源食品安全性评估在经验和知识上的进步。讨论会拟定的草案可查询加拿大卫生部网站http://www.novelfoods.gc.ca。在 1994 年的指南给出新资源食品的定义同时在 1999 年的《法规》中被替换掉。

加拿大《食品药品法规》(加拿大卫生部,1999)指出,新资源食品是指:

a. 没有食品安全食用史的物质,包括微生物;

b. 由从未使用过的食品加工方法加工、制备、保藏、包装且导致主要变化的食品;

c. 从植物、动物或微生物衍生,但已被遗传修饰的食品,例如:

● 植物、动物或微生物表现出了以前没有被观察到的特性;

● 植物、动物或微生物不再表现出以前所观察到的特性;

● 植物、动物或微生物的一种或多种特性没有出现在原本的预期范围。

此外,"基因修饰"的意思是"通过目的处理方法来改变植物、动物或微生物的遗传性状"。因此,传统的育种可能会导致一种新资源食品,如产生上述(c)项所述的改性植物。

加拿大法规要求新资源食品在上市前需通知加拿大卫生部-联邦卫生部门。第一步是判定食品是否是新资源食品,第二步是考虑安全评估的不同之处。该告示必须包含新资源食品的说明,连同其发展的信息,主要变化的详细信息,如果有,也应包含制造、制备、保存、包装和储存方法的信息,关于其预期的用途和方向的信息,关于其在加拿大以外的国家作为食物食用的历史信息(如适用),确定新资源食品是否可安全食用的可靠信息以及关于预期消费者对于新资源食品消费水平的信息也都包括在内。上市前的告示申请还需要包括有关于新资源食品市场营销的所有商品标签的文本。根据上市前的告示,在接到通知后 45 天内,负责人决定这些信息能否证明该食品可安全食用,或者是否有必要添加科学性的附加信息,以评估新资源食品的安全。负责人收到所要求的补充资料后,需在 90 天内评估该产品,并且如果新资源食品被确定为可以安全食用的,就需以书面形式通知制造商或进口商,其提供的信息可以充分证明食品安全性。

1994 年在加拿大刊登的为解决转基因生物安全性和新资源加工技术的新资源食物安全性评估指南(加拿大卫生部 1994 年)在很大程度上得到了发展。修订后的指南更加全面,对源自植物和微生物的新资源食品提供安全性信息的数据支持。

这些法规考虑到过去从未真正意义上出售给过加拿大的食品,可能在别处有安全食用史,比如异国水果或蔬菜,也能足以证明它的历史。经修订的指南包括安全食用史的定义,如下所示:如果它在数代人之间一直都是饮食的一部分,而且这些具有遗传多样化的人口的食用方式、水平上与加拿大预期食用方式、水平相似,那么这种食品即被认为具有安全食用史。

根据上述定义,在有相似食品安全体系的司法管辖区内,产品已有食用史的事实会增加证据的可信度。以下信息对产品食用记录的安全性是必要的:

● 通过它已被用于数代人(即 100 年)的人口实例调查的历史证据表明它持续并经常被食用。这方面的证据可以来自各种来源,不限于科学出版物和专利、非科学出版物和书籍、烹饪书籍、饮食文化历史的书籍、和/或从两个或多个独立、信誉良好的部门那里所保存的关于食品的使用方式及是如何获取该食品的使用史的记录档案。有限的使用或短期曝光不足以认为具有安全食用史。

● 记录关于在原产地的该国食品和/或在一个国家里有高度消费食品的任何可能的不利影响。

● 商用和/或家用加工和制备食品标准方法的描述。

● 食物是如何种植的或者如何获取的(如野生资源)说明。

● 在加拿大人们在一般及最高消费水平下可能会消耗的食物数量,包括典型的消费量和预期的消费频率。

● 根据选择的随机性,统计学上定义的有效样品的食品组分的分析。此分析应包括氨基酸、脂肪酸、矿物质、微量元素、维生素、其他营养素、抗营养因子以及人们特别感兴趣的一些生物活性物质。分析时应特别关注食品中存在的化合物,因为这些化合物可能对加拿大人群健康造成影响(例如:食物源或最终的食品中可能的有毒物质或者过敏原或者异常高水平的营养物质)。

● 人类胃肠道和/或代谢反应。

提交的材料应当包括可靠且高质量的信息和参考来源。轶事证据与科学数据相比可信度较小。人类接触的历史信息是特别重要的,比如新资源食品传统处理或烹调的要求。这个信息需要以统一方式提供给消费者,例如关于当烹饪豆类时,需以剧烈沸腾为最低要求的必要性建议。

## 2.3 澳大利亚和新西兰

在澳大利亚和新西兰的新资源食品通过《澳大利亚新西兰食品标准法典》标准 1.5.1-新资源食品来规定。该《标准》于 1999 年 12 月被提出,2001 年 6 月生效;规定禁止出售新资源食品,除了在该《标准》数据表中被列出,并符合该表中指定的食用条件的食品。该《标准》的目的是确保那些有特色的非传统食品的安全性,在澳大利亚新西兰普遍消费之前,它们在市场上供售之前要进行安全风险评估。新资源食品属于非传统型食品。

1999 年 12 月提出的《标准》规定非传统食品和新资源食品如下:

● 非传统食品,是指一种在澳大利亚新西兰没有重要的人类消费史的食物;

● 新资源食品,是指为确定安全使用的形式和内容,而在社会各界广泛存在的知识匮乏的非传统食品,同时考虑到:

a. 该产品组分及其结构;

b. 产品中有害物质的水平;

c. 已知潜在的对人体的不良影响;

d. 传统的制备和烹调方法;

e. 产品的消费水平和模式。

《标准》中没有明确规定该食品是否有回顾性应用。然而在澳新市场上,在《标准》提出之前的产品被认为是"非传统"的产品几乎是不可能的,虽然不是绝对的。

《澳大利亚新西兰食品标准》已经颁布了两份文件(FSANZ2004a, 2004b)用于阐述《标准》,如下所示:

●《新资源食品-修正法典的申请格式》包含了申请新资源食品许可认证的模板(附件 2);

●《澳新食品标准法典-新资源食品申请修改指南》,它提供了标准的操作细节、新资源食品种类描述、新资源食品的确定策略、新资源食品评定的数据要求和关于调研新资源食品的观点记录。

该《指南》在 2004 年初被彻底审查和更新。其中包含回应关于新资源性查询的意见记录时所形成的表格。数据表列出了关于《标准 1.5.1》中有关是否是特定食物(a),传统或非传统(b),新资源的或不具有新资源性的结论性定义意见。由内部新资源食品咨询小组提供食物潜在新资源性的建议。食物新资源性由相关的执法机构合作最终确定。

对于非传统食品,为满足《标准》的要求,有两个步骤可能是必不可少的:初始步骤,首先是评估食物的新资源性,其中包括确定所述食品的潜在危险;第二步骤,是评估新资源食品的安全。

《指南》还列出了一些新资源食品可能的类别,包括包含该报告主题所述单一成分食品或者全食品类别:目前还没有成为澳新社会中传统饮食的一部分,比如源于世界其他地方的食品,在社会特定群体中消费的传统土著食品,或从传统的育种技术产生的新食物。《指南》指出,"同时在市场上也有许多新的食品,那么很可能只有那些存在潜在不利影响证据的食品会被认为是新资源食品。"

安全评估将针对那些在《标准》中所述的非传统食品:"为确定安全使用的形式和内容,而在社会各界广泛存在的知识匮乏的非传统食品"。在澳新社会中,对非传统食品安全使用的知识水平进行评估,进而来确定食品新资源性。

## 2.4　小结

欧盟和澳新的新资源食品法规中新资源食品的定义包括没有文字记录的食品食用史的食品(在澳新的特定术语是"非传统食品")。虽然在确定新资源食品时存在着一些共同的认识,但还仍然有解释的余地,因此,为缩小这一灰色地带,有必要给出更确切的定义。

在加拿大和澳新的申请是由政府处理,而在欧盟范围内新资源食品的申请是由食品将计划被上市的那个成员国的主管当局和欧共体处理。整个食品的安全性评估远离例行程序,而且没有统一的对这种评估应该如何执行的国际准则存在。然而,个别国家和欧盟已积累了一些经验,现在可以引导这一进程向前发展。

# 3 历 史 经 验

## 3.1 食用植物以及食用植物毒素

现在从营养学角度来看,良好饮食习惯的一般建议是每天吃各种水果和蔬菜,以保证重要蛋白质、氨基酸、脂肪、脂肪酸、复合碳水化合物、纤维素、维生素和矿物质等营养的摄入量,以及有或者没有营养价值的各种植物代谢物,如植物酚、异硫氰酸酯、吲哚类化合物和类胡萝卜素等。现在人们认识到,大多数植物成分存在更高的安全等级,而且许多食用植物为自我保护,防止微生物和害虫,会产生抵抗植物病害的有毒植物成分,这些成分对植物本身没有任何营养价值,但或许对人类健康有益。植物性食物如木薯和草豌豆的摄入可能引起人类急、慢性中毒。尽管如此,如今在许多热带地区淀粉含量很高的木薯根在食品供应中仍起主要作用。根部含有氰苷,原料或加工不当的根可能会引起急性或慢性神经性疾病症状(进一步详情见 4.8 节)。过量食用豆科草豌豆的种子会导致山黧豆中毒,即神经变性和不可逆的痉挛性截瘫(Spencer et al. 1986;Getahun et al. 2003)。这种有毒物质是神经兴奋氨基酸 $\beta$-二氨基丙酸(ODAP),但 ODAP 的直接效果还不了解(Rao 2001)。由于草豌豆非常耐旱,耐涝,其种子在饥荒年代可能是饮食的重要组成部分。过去十年间在阿富汗、尼泊尔和埃塞俄比亚境内均爆发过山黧豆中毒疫情。最近,在意大利和波兰人们对培育草豌豆产生新兴趣(Getahun et al. 2005),以及在澳大利亚刚刚公布第一种低 ODAP 水平的草豌豆(Siddique and Hanbury,2005)。

上述实例表明,植物食品时下可能会引起对安全问题的关注,即使人群已习惯使用它们。这些例子也说明,从营养或者安全的角度来看,正确使用植物性食品都是人类在世界各地各种文化和社会的稳定可持续性发展和维护的基本前提。

## 3.2　探索时代

自史前时期发展至今,新食品和制备食品的新方法已逐渐普及,丰富了欧洲的食品供应。这些推广正在慢慢进行中。我们的祖先,为了克服食物短缺问题,尝试使用狩猎来拓宽他们的食物资源,这一系列的食物以前是被忽视的。支持这种"广谱革命"假说的数据,主要属于动物区系原点,例如从洞穴中发现的骨头种类;但最近在黎凡特洞穴中得到的数据再现了 25 000 年历史植物体存在显著的原点(142 类群),以及有大量和谷物相比较小的晶粒草(野生小麦和大麦)。(Weiss et al. 2004),在接下来的 1 500 年,谷物逐渐代替了这些晶粒草。10 000 年前在东方发生了一些从狩猎和采集到农业的适当转变,并通过下一个千年扩大到了欧洲、中亚和印度。虽然"新石器时代革命"的原因仍然没有完全被理解,但是所产生的家养植物是欧洲的主要食物,如小麦、大麦和豌豆(Zohary and Hopf,2000)。

在欧洲生产大规模推广新资源食品是在历史时期中一个显著的划时代的事件,这是对"新"世界的探索。作为现在被提及的欧洲饮食中一个组成部分的植物性食物,有很大一部分是大概在 400～500 年前,即"探索时代"时首次在欧洲引进的。在此期间引进了现在都被认为是重要的主食和饲料的食用植物,包含土豆、西红柿、玉米、花生和辣椒。在同一时期可可,香草和五香粉等一系列现在因为味美而被高度赞赏的其他调料也出现了。

当"探索时代"开始的时候,茄科是名震欧洲的有毒物以及药用组分。在欧洲接受该种植物系的食物,如土豆、番茄和辣椒,有一定的阻力,这是可以理解的。史前时代在美洲中部和南部的这些家养植物,在哥伦布到达美洲之前被广泛地食用。今天它们的种植遍及全球各地,而且是世界上最重要的蔬菜/薯类。他们都在公元 1500 年后不久被引进欧洲,但只有辣椒作为胡椒的代替,容易被接受作为食品。在欧洲番茄可以说是缓慢被接受的茄属的水果例子。18 世纪末期意大利和西班牙第一次种植和食用大量的番茄。到 1800 年,当番茄已成为西班牙最常见的水果、法国人们也开始吃番茄时,北欧仍持怀疑态度。

## 3.3　欧盟法规颁布之前

最近,但在 1997 年欧盟关于新资源食品法规生效之前,一些外来的食用植物已经引进了欧洲食品市场。这些外来的食物已经被投放到市场上大概是基于这样的假设：它们作为食品的安全性可以通过在世界的其他地方被放心地使用来证明，著名的例子是茄子、西葫芦、奇异果、杨桃、灯笼果和榴莲。1999 年 Andersson 对不同的茄科植物如土豆中出现的有毒生物碱进行了研究（Andersson，1999）。在 1984 年的文献综述中，12 份单独提交的关于土豆配糖生物碱中毒报告，涉及 2 000 多例，约 30 人死亡。此外，评论认为大多数轻度甚至是更严重的"龙葵碱"中毒没有记录和被诊断为"胃肠炎"。不同土豆品种之间总生物碱的含量差异很大。基于土豆总生物碱进行风险评估（Morris and Lee，1984），北欧集团食品毒理学和风险评估在 1900 年建议：未削皮的土豆总生物碱的最大耐受水平是 200 mg/kg，以及建议开发生物碱可以减少到 100 mg/kg 水平的新品种土豆。这个限制或多或少地被用于新土豆品种的发展，市场营销以及销售（Slanina，1990）。

土豆案例说明了那种未被考虑的引进新资源植物类食物可能会导致的人类健康问题。又如，猕猴桃有引起人类致敏性的潜在性（见第 4 章）。在欧洲开展的对人长期健康影响的调查研究没有发现的新资源植物性食物对疾病的影响，如癌症和心血管疾病。

## 3.4　欧盟法规颁布之后

传统意义上食品已被认为安全的是因为随着时间的推移没有不利的影响报告出现，及/或因在社会上关于食品加工或应对任何可识别危险方面取得了足够多的知识。自给予新资源食品定义的《欧洲新资源食品法规》推出，则在欧洲建立了一个新资源外来水果和蔬菜安全的需求。自从 1997 年 5 月 15 日，这些产品必须在投放市场之前评估它们的安全，而且在评估后其安全性是可被接受的。有人提出，一些在欧洲推出了一段时间的、现在是欧洲饮食的一个组成部分的植物性食物，如果它们像一个现在正在根据欧盟新食品法规所要求需要通过上市前批准，那么就不会被接受，并且不会进入欧洲市场。自 1997 年以来到目前为止在欧盟经历的有关新资源植物性食品的主要困难，涉及界定监管区域的边界，以及缺乏进行安全性评估，还有完全被认为是新资源食品的上市前批准所需的安全数据类型上的监管和科学共识。本报告会阐述这些问题。

## 3.5　小结

无论是在史前还是在其他历史时期，基于在世界其他地区以前使用过的安全摄入量是有保证的假设,一些新资源植物性食品才被欧洲接受为他们食品供应的一部分。摄入含有高浓度配糖生物碱的土豆会造成急性中毒在欧洲是众所皆知的事情。但植物性食品中并没有报道过其有长期对健康的不良影响,在同一时间内也没有欧洲流行病学系统地研究过这个问题。

# 4 案例——过去和现在

接下来介绍过去及近年来与植物性食品相关的案例,这些案例已经被汇编起来,作为在新的异国水果和蔬菜被引入市场时需要考虑的相关毒理学和监管方面的指南。案例研究阐述了与过敏、天然毒素的出现及安全使用史相关的问题。

每个案例的表述可细分为背景部分,健康和安全问题部分以及安全性评估部分。案例可以被细分为"新资源"植物性食品,如油菜、猕猴桃、红芸豆和杨桃这些几年前就被引入欧洲食品市场的植物性食品;还有如羽扇豆种子、爪哇橄榄果仁和诺丽果这些最近才被引入的植物性食品;还有如木薯这类引入欧洲,可能会引起健康和安全考虑的植物性食品。

## 4.1 油菜籽

**背景**

油菜本地化通常认为是发生在欧洲中世纪早期。当时菜籽油主要用作灯油,后来作为蒸汽机的润滑油。二战后,人们对油菜育种的兴趣增加并且直接提高了农艺性状和油的质量。早在 1949 年,动物研究显示,食用大量含高水平芥子酸的菜籽油可能对健康有害(Boulter,1983)。随后,由于菜籽油的营养安全问题及其对人类健康潜在影响,使得植物育种学家去寻找其他品种的菜籽油,以保证低水平芥子酸。在 1968 年和 1971 年分别报道了第一个低芥酸品种甘蓝型油菜和芜菁型油菜。

油菜籽也因为可以作为食物而有价值,如今其可以作为家禽的高蛋白补给食物。在 20 世纪 70 年代后期前,菜籽粕(油菜籽加工后的副产品)因为含有芥子油苷,只能少量用于饲料,因为芥子油苷风味较差并有致甲状腺肿大的副作用。这种不良影响促进了芥子油苷和芥酸低含量的油菜品种的发展。低芥酸油菜育种持续进行并且取代了其他品种(FSANZ,2003)(低芥酸油菜指甘蓝型油菜或芜菁型油菜,低芥酸油菜总脂肪酸含量如芥酸含量一样少于 2%。)

**健康和安全问题**

在大鼠的研究中,有报道称芥酸会引起心肌脂肪沉积和心脏病变,但也有许多理由表明大鼠模型并不能说明芥酸也会引起人体不适。例如,大鼠的脂肪酸代谢与成年猪或灵长类动物并不相似,这使大鼠更易遭受心肌脂肪沉积以致坏死和心脏的纤维化。然而,乳猪也会发生心肌脂肪沉积和伤疤形成,表明未成熟的心肌和/或肝脏可能不大能氧化芥酸。因此,在接触高水平芥酸后,(年轻)人也将容易遭受心肌脂肪沉积和疤痕形成,这看起来似乎是合理的(FSANZ,2003)。欧盟的76/621指令设定了油中芥酸的最高含量以及用于人类消费的脂肪达总脂肪酸含量的5%。现在,大多数出自商业油菜的油,其总脂肪酸中芥酸含量低于1%(FSANZ,2003)。

在欧盟,并不认为油菜油或双低油菜油(油酸含量高)是一种新资源食品,因为它是从一种传统育种油菜品种中提取出来的原始油,在1997年前就用于食品生产。然而,就油酸和亚麻酸含量来说,油处于食品法典中关于未处理菜籽油的范围之外。虽然它的脂肪酸组成与处理后的菜籽油相似。

## 4.2   羽扇豆种子

**背景**

给人类食用的植物部分是白羽扇豆(白羽扇豆属)或狭叶羽扇豆(狭叶羽扇豆属)的干种子,后者也称为蓝色羽扇豆(狭叶羽扇豆属),这两种一年生直立植物属于蝶形花科家族。白羽扇豆生长在地中海区域、北非和澳大利亚。从20世纪80年代起,澳大利亚广泛种植生物碱含量低的狭叶羽扇豆,并被当地人接受食用。两种羽扇豆都含有多种喹嗪烷生物碱混合物。对于白和狭叶羽扇豆来说,其高和低生物碱含量的品种栽培都存在。

在1997年之前的地中海地区,生物碱含量高的白羽扇豆的种子一直被作为一种零食。在欧洲,该植物作为一种食物性植物包含在NETTOX列表中。苦涩的种子需要浸泡后蒸煮,直到苦味消失它们才可以被放心食用。从1998年开始,法国接受使用最多10%的羽扇豆粉作为一种食品原料供应,这些羽扇豆粉来自生物碱含量低的各种白羽扇豆,豆粉中的生物碱含量不超过200 mg/kg。对于低生物碱含量的狭叶羽扇豆品种,英国推出总生物碱含量和名为拟茎点霉属的一组真菌毒素含量的最高含量(分别为200 mg/kg和5 μg/kg)。

低生物碱含量的品种的发展拓宽了种子的可能用法,因为种子无须进一步加工就可使用。来自种子的豆粉可以用于面包、糕点、饼干和意大利面。羽扇种子也可用于生产食物,比如分离蛋白和羽扇豆"牛奶"(类似于大豆"牛奶"),并且可以取代大豆作为一种食物原料使用或者在许多亚洲发酵食物的生产中使用。整个种子可以在汤或煮菜中使用,在沙拉中使用也初露矛头,也可以烘烤做成零食(ACNFP,1996)。

### 健康和安全问题

在摄入生物碱含量高的羽扇豆种子后,1～14 h 后出现中毒症状,包括口干、肌肉无力、平衡失调、出汗、心悸、视力模糊、瞳孔散大(即瞳孔放大)、尿潴留、胃肠道问题和频繁的室性期外收缩。已在年幼儿童中出现 3 例致死案件。基于这些人体数据,假定儿童的生物碱致死剂量为 11～25 mg/kg 体重。引起成人急性反应的剂量估计为 25～46 mg/kg 体重(Schmidlin-Meszaros,1973)。在喂食不久的大鼠中,狭叶羽扇豆中生物碱混合物的急性口服 LD50 是 2 279 mg/kg 体重,在禁食大鼠中,其值为 2 401 mg/kg 体重(Petterson et al. 1987)。在给大鼠喂食狭叶羽扇豆种子的 90 天研究中,雄性大鼠未观察到有害效应的剂量水平(NOAEL)为 28 mg/kg 体重,雌性大鼠为 34 mg/kg 体重(Robbins et al. 1996)。在母牛怀孕期间,喂食其含喹嗪生物碱臭豆碱的美国野生羽扇豆种,会使小牛有一种名为"弯曲小牛疾病"的先天性缺陷(Panter 和 Keeler,1993)。然而,这种非常活跃的喹嗪生物碱在白羽扇豆和狭叶羽扇豆的种子中并不存在(Wink et al. 1995)。将小牛的侏儒症和羊羔的四肢远端发育不完全归因于母牛或母羊进食了另一种羽扇豆种——豆科羽扇豆属(Allen,1998)。

### 安全性评估

在欧盟立法中,来自白羽扇豆和狭叶羽扇豆的羽扇豆种子因为其在 1997 年之前的食用历史,所以并不算作新资源食品。因此,在用作食品时,来自低生物碱含量品种的种子或羽扇豆粉都不需要欧盟对其安全性进行评估。然而,英国新资源食品及其加工咨询委员会(ACNFP)以大鼠的两个 90 天的毒理学研究来评估狭叶羽扇豆种子的食物的安全性,这是一个喂食白羽扇豆种子的大鼠的多代研究,它是关于羽扇豆生物碱的代谢途径和它们的药理学活性的数据(ACNFP,1996)。ACNFP 总结认为只要种子或其他羽扇豆产品中的总生物碱水平少于 200 mg/kg 和其拟茎点霉属毒素水平低于 5 $\mu$g/kg,那么这些品种的种子都能安全使用。委员会总结认为,尽管羽扇豆粉似乎在易感人群中会引起过敏反应,但相较于对现有食品过敏源如大豆过敏的人群数,对羽扇豆粉出现过敏反应的人群占总人口数的比例要低一些。委员会还指出,羽扇豆和大豆过敏原(或其他豆类)之间的交叉反应可能存在。有建议说,应该通知相关的健康专家和支持团体关于将羽扇豆为基础的食品引进英国市场的事情（ACNFP，1996）。似乎已经要求不给消费者任何信息。人和大鼠对白羽扇豆和狭叶羽扇豆中喹唑啉生物碱的急性作用的敏感性差异的数据，以及表示一些羽扇豆种中喹唑啉生物碱可能影响反刍动物发育的数据，似乎没有列入 ACNFP 安全性评价的考虑之内。

根据法国过敏症专科医师的一份报告，1998 年引入法国市场的羽扇豆，由于食品消费，在 107 个严重过敏反应的案例中已引起 7 例（Morisset，2003）。相比之下，众人皆知的过敏源如各类树坚果引起了 16 起案件、花生 14 起、贝类 9 起、乳胶水果类（鳄梨、猕猴桃、无花果、香蕉）9 起（Morisset et al. 2003）。最近在英国，一个妇女的过敏事件是由于其用餐的餐厅在洋葱圈中使用了羽扇豆粉（Radcliffe，2005）。在挪威，一个人在吃了含有羽扇豆粉（没有包含在配料表中）的面包后出现过敏症状。在这两个案件中，患者均为花生过敏。无论过敏反应是否由白羽扇豆和狭叶羽扇豆引起，均没有论文研究羽扇豆过敏品种。

在欧洲，根据 2004 年 11 月强制实行的食品标签指令，食品生产厂应该特别标注的羽扇豆粉，没有包含在潜在过敏成分的清单中（Radcliffe，2005）。Radcliffe（2005 年）认为，由于对花生过敏的人（英国约 1%的人口）拟处于特定的风险中，那么应该建议他们在经过特殊测试前应避免所有含羽扇豆的产品。

## 4.3　猕猴桃

### 背景

属于猕猴桃科家族的猕猴桃（*Actinidia deliciosa*（*A. Chev.*）*CF Liang et AR Ferguson*）是一种原产于中国的植物。1904 年种子被带到新西兰，包括"海沃德"（传统绿色果肉型猕猴桃）在内的几乎所有中国之外的猕猴桃品种都是这一品系的后代（Ferguson，1999）。大多数近年来商业化的软皮、黄肉型的无毛猕猴桃如 Hort16A，实际上来自中华猕猴桃品种（黄肉型）（商业化的为黄金猕猴桃）（Ferguson，1999）。

### 健康和安全问题

在 1981 年首次有猕猴桃急性过敏反应的描述。自那之后，出现大量关于猕猴桃过敏性描述的报道。现在猕猴桃已成为植物食品过敏的主要诱导因子之一。大多数猕猴桃过敏患者的症状局限于口服过敏综合征。一些人出现了更严重的反应，包括血管性水肿、咽部肿胀、呼吸困难、荨麻疹、呕吐，甚至是心血管崩溃（Lucas et al. 2003）。猕猴桃包含在花粉-水果综合征（桦木和野草花粉交互作用)与乳胶水果综合征内。有一半乳胶过敏的患者对鳄梨、香蕉、板栗、猕猴桃和其他水果也过敏(Lucas et al. 2003)。

最近有报道称,"海沃德"型猕猴桃提取物中的过敏成分不同于"Hort16A"型猕猴桃的提取物。两个品种均表现半胱氨酸蛋白酶抑制剂和类甜蛋白作为过敏源。能转化为几丁质酶的两个同源的过敏源的"Hort16A"型猕猴桃,而仅仅在绿色猕猴桃中检测到猕猴桃蛋白酶(Bublin et al. 2004)。

"袖珍猕猴桃"或"迷你猕猴桃"是自软枣猕猴桃发展而来,可以在较冷气候下甚至是丹麦生长。我们知道,软枣猕猴桃中的猕猴桃蛋白酶水平普遍比美味猕猴桃高,因此,可以预料到大部分的"迷你猕猴桃"更有可能引起过敏反应。

**安全性评估**

"猕猴桃"一词包括从几个品种中收集和销售的水果,而不考虑在健康和安全问题(过敏)上这些品种间的潜在差异性。事实上在育种计划中包含这些要素是可能的。

另一个问题是,猕猴桃名称的界限是什么?猕猴桃名称已经包含来自至少4种猕猴桃品种的水果,此外,接穗的根茎通常来自其他品种如葛枣猕猴桃,影响了果实特征。

## 4.4　红芸豆

**背景**

芸豆是菜豆或花园豆(菜豆)像肾脏形状的成熟干燥的种子,是豆科家族的一员。菜豆的两个主要基因库已经确定,芸豆是安第斯基因库(南秘鲁、智利、玻利维亚和阿根廷)的一个代表并且已被种植了至少7 000年(McClean et al. 2004)。菜豆通过哥伦布贸易引入欧洲,在欧洲第一次关于菜豆的详细说明出版在1543年的《福克斯的草药》上(Gepts,2002)。

**健康和安全问题**

菜豆(四季豆)包含一族的植物防御蛋白(包括植物血凝素,PHA)。PHA是一种结合到哺乳动物肠黏膜聚糖上的凝集素并可作为一种促细胞分裂剂。与其他大部分豆类相比,红芸豆的PHA水平特别高,并且在人类食用前,灭活红芸豆中的PHA很有必要。

**安全性评估**

不论年龄和性别,似乎所有人都容易遭受有毒凝集素影响;严重程度与凝集素的种类和摄入剂量有关。凝集素中毒通常是由摄入未完全煮熟的、生的或浸泡的芸豆引起。这些豆子或许就像这样或在沙拉或砂锅菜中被食用。仅仅几个生的红芸豆就可能引起中毒。在食用 $1\sim3$ h 后出现中毒症状，特征通常是极度恶心随后呕吐，腹泻稍晚些(从一到几小时)，一些人报道有腹痛。有时需要住院治疗，但恢复通常很快(出现症状后的 $3\sim4$ 小时)且是自发性的。几起病发都与"慢炖"或慢炖锅或没有达到足够高的内部温度来破坏凝集素的砂锅有关。已有显示加热到 80℃ 可能会使毒性增加 5 倍，所以这些豆子比生吃毒性更大。研究砂锅中慢炖发现，内部温度通常不超过 75℃(1992 年美国粮食与药物管理局)。

为了避免中毒，不同的烹调工序被推荐。英国北伦敦的公共卫生实验室服务推荐下面这种芸豆和其他豆子烹调工序：将豆子在水中浸泡至少 5 h，倒掉水，在干净水中轻沸至少 10 min。然而，丹麦食品机构在 1989 年推荐了一个更长的浸泡时间(8 h)并至少煮沸 45 min(Levnedsmiddelstyrelsen，1990)。

## 4.5 杨桃(星形水果)

### 背景

杨桃属(杨桃)在几十年前引入欧盟。杨桃是一种可达 10 m 高的树，属于酢浆草科家族，生产 $8\sim12$ cm 长的浅色到金黄色的有五个棱脊的果实，果实在穿过脊线切成片时形成特色的星形。这些切片的形状赋予了水果一个俗名"星形水果"。该植物虽起源于锡兰和摩鹿加群岛，但现在已在世界上其他一些热带和亚热带地区生长。

生产杨桃的树有两种类型。第一种是生产更小和更酸的果实，然而这种果实香味浓郁，相较于其他树种含有更高水平的草酸。第二种是生产更大更甜的果实，这些果实有轻微的香味并含有更少的草酸(Morton，1987；Yang et al. 1995；Chen et al. 2001)。新鲜的酸型果实很少被食用，但其常用来生产杨桃汁。

### 健康和安全问题

自 1993 年以来，一些研究者报道称在摄入中等数量的杨桃果实(半个到 10 个果实)或相应量的果汁后，患者在血液透析的常规项目中出现顽固性打嗝和/或严重的神经反应(Martin et al. 1993；Moyses Neto et al. 1998，2003；Chang et al. 2000，2002；Tse et al. 2003)。

有报道称从摄入杨桃到中毒症状出现的时间范围为 $0.5\sim14$ h。32 位莫伊塞斯病患的最普遍症状是持续性的,顽固性打嗝(94%),呕吐(69%),意识不清(66%),肌肉力量降低,四肢麻木,麻痹,失眠和感觉异常(41%),抽搐(22%),血流动力学不稳定(9%)(Moyses Neto et al. 2003)。很大一部分受影响的病人会出现死亡。

血液透析是治疗中毒的成功方法,似乎是因为透析能将有毒物质从血液中除去(Martin et al. 1993;Chang et al. 2002;Moyses Neto et al. 2003)。有人说杨桃含有一种强大的神经毒素,可以在慢性肾病患者的血液中积聚并穿过血脑屏障,最终造成不可逆的损伤(Moyses Neto et al. 1998)。

**安全性评估**

除了两个例外,其他所有杨桃中毒的事件都发生在肾功能衰竭、需要血液透析的人身上。这两个例外是看似健康的人,在空腹下摄入大量(分别为 1.6 L 和 3.1 L)的酸杨桃果汁,出现需要血液透析的急性草酸肾病(血液化学和肾活检显示肾衰竭)(Chen et al. 2001)。作者怀疑正如案例中分别摄入约 13.1 g 和 9.2 g 草酸,杨桃中草酸有毒性规则。草酸和它的可溶性盐对人和动物有毒,而钙的不溶性盐和草酸镁没有(Sanz 和 Reig,1992)。人类摄入的草酸盐同其他食物一起可能通过钙沉淀为不溶性的复合物,然后通过粪便排泄。人类的可溶性草酸盐致死剂量范围为 2~30 g(Beier,1990)。他们的假设从用正常草酸含量杨桃汁和已制的无草酸的杨桃汁饲养大鼠的研究中获得验证。

为了避免急性草酸肾病(很少在健康人群中发现),有建议称不应大量摄入纯酸杨梅汁,尤其是在空腹或脱水状态下(Chen et al. 2001)。

草酸应对杨桃在血液透析患者中的神经毒性作用负有责任的假设已受到质疑,因为它并不适用于其他食物中暴露的草酸。尽管大黄和皱叶酸模(盐生草)之类的植物含有与杨桃相近的草酸含量——在人和动物中都引起急性草酸肾病(Panciera et al. 1990;Sanz 和 Reig 1992),但没有与杨桃在进行透析的患者中引起的神经效应相似的神经效应的报道。此外,从未有报道称食用菠菜或甜菜这类也含高水平草酸的蔬菜与急性草酸肾病有关。当然也有可能是烹调减少草酸吸收。总之,目前杨桃中(神经)毒素的身份仍不清楚。

## 4.6 爪哇橄榄果仁

**背景**

爪哇橄榄果仁(Nangai),恩加利坚果和橄榄果(爪哇橄榄属)是橄榄科家族的成员。用于人类食用的植物部分是坚果的内核(杏仁)。果实有一个外部肉质的中果皮和一个覆盖果核的坚硬的内果皮。坚果通常作为"壳内坚果"(有内果皮)或"外种皮内的果仁"(没有内果皮)出售(Thomson 和 Evans，2004)。

1998 年底,将这个产品投入欧洲市场的申请被提交到法国的主管部门。根据新资源食品申请的信息,每个壳内坚果平均重约 14 g(8~12 g)。壳内坚果含有 1~3 个核仁,是树的可食用部分。爪哇橄榄果仁的营养物分布与普通坚果非常相似。所以它们的特点是脂肪含量高,饱和脂肪酸约为 45% 和 48.5%,单不饱和脂肪酸为 38%,多不饱和脂肪酸为 14%(English et al. 1996；Thomson 和 Evans，2004)。根据申请信息,在西美拉尼西亚爪哇橄榄果仁的估计消费量约为 60 t 杏仁或约 70 g/人/天。

在欧盟,爪哇橄榄果仁被归为新资源食品。1999 年,接收新资源食品申请和实行首要安全评估的法国当局对申请给出了正面看法,但其提出了条件性批准。建议称应当以微生物指标,黄曲霉毒素的定期监测和与其他普通坚果相似的标签要求(因为致敏性的潜在风险)为条件来批准。然而,四个成员国对首要评估提出异议。在他们看来,申请并没有显示食用爪哇橄榄果仁没有引起毒副作用。因为缺少毒性数据而提出了安全隐患。发现坚果土著菌群的微生物调查并不完整,因而发现产品不符合欧盟现行卫生标准。委员会决定咨询食品科学委员会对产品中使用的相关食品的潜在健康问题的评价。他们在 2000 年给出了意见(SCF，2000)。

### 健康和安全问题

针对缺少的毒性数据,问题就存在于坚果的潜在致敏性和与其有关的卫生标准。

### 安全性评估

食品科学委员会总结认为,通过提交用分析程序确定的爪哇橄榄果仁成分及其自然变异的数据来描述爪哇橄榄果仁安全性是不完善的(SCF，2000)。此外,由于没有调查爪哇橄榄果仁的可能致敏性,所以无法提供足够的毒理学数据。因此,根据欧盟法规的 258/97 页,6.1 条的评估程序以及对新资源食品安全性评估的 1997 年 7 月 29 日(97/618/EC)的委员会建议,不能得出关于食用爪哇橄榄果仁安全性的结论。

在 SCF 表达其观点后关于爪哇橄榄果仁在之前未接触该坚果的人身上的潜在致敏性的两份报告被发布。其中一份报告描述了在爪哇橄榄果仁和多种树果(开心果、榛子和腰果)之间的可能交叉反应(Frémont et al. 2001)。另一份报告显示对草、桦树和艾蒿花粉过敏的病人身上可能有 IgE 交叉反应性(Sten et al.

2000)。

## 4.7 诺丽果汁

**背景**

诺丽(Morinda citrifolia)是属于茜草科家族的一种小乔木或灌木,原产于东南亚到澳大利亚地区。该树生产一种黄白色、丰满的、5～10 cm 长的果实(复果)(直径约 3～4 cm),当成熟时变软并发臭。在夏威夷,诺丽最初因其药用性和可用作染料而被培育,现在已生长在海拔 0～450 m 的相对干燥位置。包括根和树皮(染料、药品)、树干(木柴、工具)、叶和果实(食品、药品)在内,该植物的所有部位都可以被利用。它是东南亚传统药品的一个重要来源(Tap 和 Bich,2003)。虽然大部分的应用还有待于科学的支持,但无论在传统或现代诺丽对许多状况和疾病都有治疗作用,近几年来通过多种保健和美容产品,诺丽在世界范围内突显了其经济重要性。这里包括果汁以及由果实或叶子制成的粉末。

在考虑把诺丽果巴氏杀菌果汁在 2000 年时投放到欧洲市场的申请时,比利时当局得出一个结论:还需要补充一个额外的评估,要求这个额外评估必须来自欧盟食品科学委员会(SCF),其考虑了在摄入量水平达每天 30 mL 时产品的可接受性(SCF,2002)。

欧盟授权诺丽果汁作为一种新资源食品原料可追溯到 2003 年 6 月 5 日,并仅限于 Morinda 公司生产的这个特定的果汁产品,在果汁中使用巴氏杀菌的诺丽果(Morinda citrifolia)饮料,这个授权不能应用于诺丽的其他产品如果酱,喷雾干燥的果汁粉或整个干果的生产,除非能提供实质性等同的证据。

欧盟委员会的授权进一步阐明了 SCF 注明的所提供的数据和其他信息不能有效的证明"诺丽饮料"超越其他果汁饮料的特殊健康功效。所以 Morinda 公司不能以促进健康来销售产品。

**健康和安全问题**

2002 年 SCF 认为产品在推荐摄入量下是可接受的,每天最多 30 mL(SCF,2002)。从那时起超量使用率大大增加,在 2005 年有三篇关于由诺丽制剂引起急性肝炎的报道(Millonig et al. 2005;Stadlbauer et al. 2005)被发表。

**安全性评估**

SCF 在所述果汁的化学成分的信息,以及由申请人提供的毒性和过敏性数据基础上得出关于安全性的结论。

## 4.8　木薯

**背景**

木薯被种植后,它的根不断长大约含有 30% 的淀粉和少量的蛋白质。木薯在热带易于生长,其主要食用人群分布在非洲、太平洋岛国、南美洲和,包括印尼地区的亚洲。食用木薯的形式有很多种:面粉(用于烹调)、根可以切成片、根还可切成条、烤碎根、蒸碎根、煎碎根、蒸全根,木薯粉制成的珍珠可用于制作布丁。木薯含有有毒的氰甙、亚麻苦苷,阻断了植物细胞产生氰化氢(HCN)的分布。

木薯品种有很多,每种的氰化物含量都有不同。木薯作为食物的传统加工方法是依赖于人类食用前的充分处理。文献报道木薯根中的 HCN 含量为 15~400 mg/kg(鲜重)。甜品种的木薯(低氰化物含量)经过充分地脱皮和烹煮(如烧烤、焙烤或者沸水中煮)后即可食用,而苦木薯品种(高氰化物含量)需要更深程度的处理,包括成堆发酵之类的技术(需要几天时间)。故而苦木薯的商用价值不大。

**健康和安全问题**

如果食用未经加工或加工不完全的木薯,也许会观察到急性或慢性中毒症状。急性氰化物中毒的症状包括呼吸急促、血压下降、脉速快、头晕、头痛、胃痛、腹泻、呕吐、精神错乱、抽搐和惊厥。在一些极端情况下,可能会发生因为氰化物中毒而死亡的现象。氰化物中毒的慢性效应与定期长期消费个体较差的营养状况有关,它包括:疾病和上支运动神经元疾病,用来描述几个神经综合征的热带运动失调的神经病变和由于缺碘而引起的甲状腺肿和克汀病,它可以通过连续特定饮食而大大加剧与氰化物接触。

**安全性评估**

摄入氰化物按照人体中的氰化物代谢途径和毒性动力学,通过解毒酶硫氰酸酶将氰化物形成硫氰酸盐并经由尿液排出。这种解毒作用需要硫协助,这些硫由每日的含硫氨基酸膳食中提供。有几个因素影响生氰苷的水解,从而影响总体毒性。这几个因素包括营养状况,特别是与蛋白质、核黄素、维生素 B12、钠和甲硫氨酸相关的。

通过食用木薯引起氰化物中毒的可能性取决于体重,孩子或体重较轻的人不能将食用的未经充分预处理的木薯中的氰化物生成物进行解毒是很有可能的。据报道,人类的 HCN 急性致死量是 0.5~3.5 mg/kg。大约 50~60 mg 的来自木薯的游离氰化物就可能到达一个成年男子的致死剂量。

总体来说,在一些地区,没有传统的食用木薯的历史,或者没有掌握如何加工木薯作为食品

在该区域人群中广泛食用木薯,则会增加该地区公共卫生健康风险。

## 4.9 小结

这些案例故事证实了帕拉塞尔苏斯说的一句谚语:一切都是有毒的,它只取决于剂量。大多数食品固有的化学性质的安全问题,最终在偶然的情况下或由于错误的处理程序都可能会导致急性或慢性疾病。

在地区或地方水平属于特定种族的消费者通过经验学到应对自己食物的消极特征的方法,如避免与其接触(对猕猴桃和坚果过敏),限制摄入(选择低生物碱羽扇豆种子),或在吃之前使用特殊前处理(红芸豆的浸泡和烹饪),或接受基于传统文化风险/受益的不利健康影响的风险,这样,在木薯可享利益的方面,这些食物可用性的利益占很大比重。

正如木薯事件所阐述的(即"在木薯没有被传统使用和可能不具备关于应对不充分加工风险知识的人群中的广泛使用,会增加公共卫生风险"),在没有食用经验国家和地区中引入新资源的植物性食物时需要特别注意。

# 5  新资源植物性食品引入 欧盟市场的可能性

　　如今全球粮食供应日益依靠少数农作物,对植物性蛋白和卡路里超过 50% 的需求仅来自于玉米、小麦和大米三种谷物。30 种植物满足了 95% 的世界总食物能量供应,所有这些能量均来自于植物性食品的摄入(FAO,1996)。表 5.1 列出来这 30 种植物产品的产量。全球大约有 150 种农作物具有重要的商业价值。

表 5.1　来自于 2004 年联合国粮农组织数据库中的全世界 30 种
主要食品农作物产品产量(Janick,1999)

| 食品类别 | 品种 | 产品 (百万吨级) | 食品类别 | 品种 | 产品 (百万吨级) |
|---|---|---|---|---|---|
| 谷物类食品 | 玉米 | 638 | 蔬菜 | 西红柿 | 113 |
| | 稻 | 589 | | 西瓜 | 91 |
| | 小麦 | 556 | | 卷心菜 | 66 |
| | 大麦 | 142 | | 洋葱 | 57 |
| | 高粱 | 60 | | 豆 | 25 |
| | 小米 | 30 | 水果 | 香蕉/车前草 | 102 |
| | 燕麦 | 26 | | 橘子 | 60 |
| | 黑麦 | 15 | | 葡萄 | 60 |
| 油料种子和油料-豆类 | 大豆 | 189 | | 苹果 | 58 |
| | 棉花籽 | 56 | | 芒果 | 26 |
| | 椰子 | 53 | 薯类 | 马铃薯 | 311 |
| | 油菜籽 | 36 | | 木薯 | 189 |
| | 花生 | 36 | | 甘薯 | 122 |
| | 向日葵 | 28 | | 山药 | 40 |
| 糖料作物 | 甘蔗 | 1 333 | | | |
| | 甜菜 | 234 | | | |

　　很多其他植物性食品组成了日常植物性食品供应的最终百分比。欧盟航空项目(NETTOX)1995—1997 的编制并评估了欧盟食品供应中自然植物性食品有

毒物质的数据,以便评价人类消费含此类有毒物的植物时的健康风险以及确定将这些风险最小化的策略(NETTOX,1998)。为此,NETTOX 项目列出了一张1997 年欧洲食用种类的列表其中包括所有食物作物种类和调味料(蘑菇)。这份含有 300 种食品植物的列表在 1999 年被来自 15 个欧洲国家的食品专家一致认为这是一份全面的列表(NETTOX 列出了这些植物的英文名和拉丁名,如附录 3)。但如今从 NETTOX 植物的可食用部分(如列表正文中的定义)生产出的食品在欧盟范围内被视为新资源食品,这似乎不太可能。鉴于欧盟 10 个新成员国的加入,该 NETTOX 名单目前正在由新的欧盟项目进行更新。

　　国际植物遗传资源研究所(IPGRI)进行的民族植物学调查指出,世界各地共栽培了约 7 000 种植物以补充食品供应(Wilson,1992;IPGRI,2004)。这约为自然界中存在可食用物种中的 10%(Myers,1983)。下面列举了一些在不同背景下制定的可食用植物的名单。

　　国际植物遗传资源研究所在他们的网站上列出了世界上不同地区被忽视和未被充分利用的植物品种。这份清单中包含大约 100 种植物,其中一些在欧盟被认为是新资源水果或蔬菜(附录 1)。

　　同样,赫加蒂等人(Hegarty et al. 2001)列出了大约 100 种已经被当地的原住居民食用的澳大利亚丛林食品植物物种。绝大多数对丛林食品的调查表明,在它们常被食用的区域并没有关于正常摄入时副作用的报道。虽然这些植物食品在澳大利亚/新西兰地区不被认为是新资源食品,但在欧洲地区大多数却很有可能被列为新资源食品。

　　从 1999 年的秘鲁植物汇编了解到,单在该国家就有 782 种可食用植物(Brack Egg,1999)。粮食作物的全球库存列出了几千种可食用的物种,这些物种要么是人工种植,要么是野生采集(Kunkel,1984,Hermann,personal communication)。这几个例子说明,有很多植物在某些地区作为食物一直被安全食用,他们生长在这些地方,但如果被引进欧盟市场就有可能被归类为新资源食品。

　　鉴于持续的气候和人口变化,对轮种作物的需求来满足这些变化时可能不仅仅通过引进或利用新资源粮食作物,还可以通过从现有的作物生物多样性中挑选出的新型粮食作物。因此,未来几年不仅在欧洲,甚至在全世界一些非传统食品农作物可能会被引入,所以必须加强对普遍认同方法和手段的引入的需求,以便于评估这些植物源性食品的安全和营养特性。

**新资源植物型食品引入欧洲市场的可能性小结**

　　大概有 30 种食品植物提供 95% 的人类日常从植物性食物中获得的能量。

在欧洲,剩余的 5% 是由大概 300 种其他植物提供。这 30 种和 300 种植物都有给新资源食品提供组成成分的可能性。这些成分从迄今为止还没有人类食用部分而来。在全世界其他地区用于人类食品供应的将近 7 000 种其他的植物品种是主要的新资源植物性食品。

# 6 植物性食品的新资源性和安全性评估

在一个国家或地区很有名的传统食品在其他国家或地区可能没有人知道,成为了"新资源"。正如第4章的实例,每个国家和地区处理单独的植物性食物部分的知识和传统方法对该植物安全食用极其重要。一些传统食用方法可能有助于预防由过高摄入或摄入未处理或者经过错误处理该食品引起的急性或慢性疾病。

当今社会对引进新资源食品表现出极大的兴趣,这些食品很多都有促进健康的说法,并且声称在某个地方具有很长的食用历史。一些国家制定了相关法律来预防这些产品被引进市场后所带来潜在的健康和安全问题。在该国家或地区采取立法的方式通常是建立在传统食品和所谓新资源食品之间的区别的基础上。

欧洲、澳大利亚、新西兰和加拿大新资源食品法规就是很好的例子。在产品投放市场之前,需要在上市前通知或评估和新资源食品的验收或批准。欧盟、加拿大和澳大利亚/新西兰的法规都要求:首先是确定食品是新资源的,第二步是考虑安全性评估。

这个法规涉及两个主要的问题:第一个是怎样确定一个食品是传统的还是新资源的,以及确定大众对该新资源食品陌生的程度,这是一个挑战。第二个面临的问题是建立一种怎样以及何种程度的安全数据,这需要做一个新资源植物源性食品接受灵敏度及可预测性的安全评估。这两个挑战本身带有很强的科学成分,但这两个问题最终都变成管理决策。

本章首先关注定义新资源热带水果和蔬菜的一般标准,其次关注在现有科学经验和目前采取的管理办法基础上评估它们的使用安全性一般标准。整体方法包含建立一个管理程序来区分新资源食品和传统食品,以及基于科学评估政策建立被定义为新资源食品的植物食品安全性的管理方法。

这两步程序符合 FAO/WHO(1995,1997),SSC(2000,2003,a、b)和 NNT (Febech et al. 2002)描述的在风险分析过程中采取的方法。将新资源植物性食品从传统植物食品中的分离已经变成建立风险预测的一部分,科学评估政策变得等同于以管理风险评估为基础的风险评估政策的建立。

## 6.1 新资源植物性食品的确定是建立风险预测的一部分

风险预测是在一定的社会背景下描述食品安全问题的过程,它是为了确定和各种风险管理决策相关的风险和收益的因素。

该风险预测是基于现有的知识,不是一个完整的风险效益评估,但却是迈出的第一步。一个典型的风险-收益曲线包括以下内容:

- 一个对情况的简单描述;
- 涉及的产品或商品;
- 现在吸收或暴露的信息;
- 预期的风险值,如人类健康;
- 经济问题;
- 可能的结果;
- 消费者对风险和利益的认知;
- 风险和利益的社会分布。

一个植物性食品是否是新资源,结论将会从上述讨论的要点中推断出来。

工作小组曾调查了前文提及的世界各地出台的法规的变化、历史的经验、未来新资源植物性食品引进欧盟市场的可能性和在过去和现在引入欧洲的新资源植物性植物的例子。

工作组早就认识到,从纯科学的角度是不能在一个国家或地区界定个别食品是新资源食品,因此在决定植物源性食品新资源性时包含决策管理的内容很有必要。(安全)消费历史是公认很重要的背景信息,这对欧盟、加拿大和澳大利亚/新西兰做决定时是必需的信息。

工作组采纳了澳大利亚/新西兰区分传统和非传统食品的方法,将产品的结构和成分、产品中不良物质的含量、对人类已知的可能的副作用、传统的准备和烹饪方法,及产品的消费模式和水平考虑在内,在广泛的调查中如果没有足够的知识能够说明该食品能安全使用则认为新资源食品是后者(非传统食品)中的子集。建立在风险效益概述基础上科学信息是一个受社会价值和传统影响的风险管理工具,会引出对食品新资源性质疑的结论。

工作组考虑开发一个更通用的定义新资源食品的过程的可能性,该过程是建立在第 5 章中用于全球食品供应的植物资源的基础上。这一方法是从 FAO 的信息而来,该信息是关于世界范围不同的农作物生产的报告,它认为数量极其有限的食品植物要满足了世界上 95% 的食品能量需求。沿着同一思路,1998 年 EU-AIR 项目在由 15 个成员国组成的欧洲共同市场中,NETTOX 研究项目确定了 307 种植物食品可供人类食用。NETTOX 的想法是始于欧洲所有主要的植物和菌菇都用于人类消费。同时,由于 IPGRI 确定了 7 000 多种植物种类是潜在的植物资源,这证明了很多人提出的开发在该地从来没有出现过非传统或新资源植物性食品的可能性。这些信息也开辟了一个开发更系统地方法确定食品植物来源的可能性。

在此背景下工作组开发了决策树,如图 6.1 所示,其目的是能够得到理性的,有逻辑的和简单的策略用于确定全球、地区或本地新资源食品。决策树的开发是用于从植物源性食品,包括植物种类、品种和衍生种等。同样的决策树方法无疑能够适应菌菇、微生物和动物源性食品。

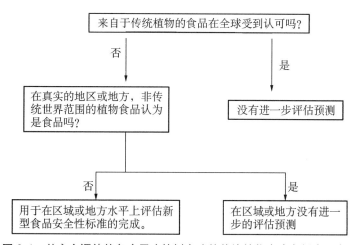

图 6.1　从安全评估的角度用决策树方法从传统植物中确定新资源食品

下面的定义已经应用到决策树中,用于从传统植物中评估新资源食品:

- 植物性食品:可用作食品的产品,这个产品有复杂的,相互作用的化学成分,这些成分可来自完整的水果和蔬菜,以及复杂的植物产品如面粉和植物提取物如油、纤维和蛋白质等,它不同于只有一种化学成分作为基础材料的纯化学物质。
- 传统食品:这是一种在人类中具有食用历史的重要食品,它在一个广泛的地域中作为普通饮食的一部分,已经经过几代人食用,所以在全球、某地区或某个族群中这种食品通常被认为是安全的。

- 非传统食品：在人类聚居的地域中没有重要的食用历史，并未作为几代人的普通饮食。

- 新资源食品：这是一种非传统食品，它在很多地区中没有足够的知识来确保食品的安全食用，或者说它会由于成分、不健康物质的含量、可能的副作用、传统的预处理和烹饪方式形态、消费量等而受到安全性的关注。

- 传统食品植物的全球列表：这是一份全球范围的植物名单列表，识别可通过名字和提供全球范围内使用的用于制作传统食品的特定的植物材料。

- 传统食品植物的区域列表：这是一组植物列表，该表在区域层面上提供用于制作传统食品植物材料。"地区"或许可以在 WHO/FAO 在 GEMS（WHO，2003）描述的 5 个区域饮食模式的基础上定义：中东、远东、非洲、拉丁美洲和欧洲，或像欧盟、澳大利亚/新西兰经济监管实体。当列表完成后应该覆盖世界所有地理区域，并且相互补充。

- 传统食品植物的当地列表：这份植物列表提供当地用于制作传统食品的植物材料。一份"当地列表"能涵盖欧盟或个别国家像丹麦或中国，或在一个地区或国家内有混合民族的地区。

- 传统食品植物的民族植物学列表：这是一份单独的植物列表，它提供各个种族群体中用于制作传统食品的植物材料。"种族植物学名单"是一份列表，它被开发，涵盖一个得到确认的民族整体的植物性食品饮食习惯，如澳大利亚的土著居民。

在图 6.1 决策树的顶端，植物性食品被分成传统世界范围内植物性食品和非世界范围内传统的植物食品。在该水平的决策树，传统植物性食品不需要作进一步的安全性评估。它们已经在全世界范围内的某些地区被接受。

从决策树的全球层面来看，非传统植物性食品应该在地区或地方进一步细分成区域性植物性食品和/或当地公认的食品和那些不是区域性和/或本地公认的食品。如果从全球层面上一个非传统植物食品在区域水平上被接纳为是食品，尽管一种当地接纳的食品或许在更高的区域水平上仍被认为是新资源的。这意味着它在当地已被接受了。

为了理解和评估图 6.1 中建议的决策树方法，已经准备好两个列表的植物作为初步的例子。附录 2 中出现的第一个是经过修改的 FAO－列表植物（FAOSTAT 2004），不包括非食品类。这些植物是全球公认的食物来源，并且能够作为全球列表的第一个原型。但应该提到的是，对于联合国粮农组织列表中的一些产品可能不清楚它们是否应该被定义为食品,比如槟榔在世界上不同的地方分别被认为是食品或药品。因此,出于风险管理的目的,食品最终的全球列表需要受到风险管理者的国际认同。

附录 3 中的第二个列表是区域或当地植物列表的原型,这些植物作为主要的食物来源没有得到全球认可。基本上,在附录 3 中的区域性植物列表可以通过本地区的所有植物列表去除附录 2 中 FAO 列表中的植物得到。附录 3 中的植物列表是通过这种方法得到,它代表了区域/地区列表的第一个原型,覆盖了 1998 年欧盟使用的食品植物并在附录 2 列表中已排除。食用植物的全球列表和区域列表互为补充构成了该区域使用的传统食品植物。

植物列表能够迅速识别植物基本信息的不同及信息的缺失。比如在图 6.1决策树中的作为全球植物列表的 FAO 列表,和作为区域性的 NETTOX 列表。附录 2 中 FAO 列表作为全球列表的基础是生产数据和使用常见植物产品的名称,虽然大多数产品像玉米、黑麦、燕麦、巴西坚果、番茄、茄子、胡萝卜,只包括一个物种,但名单上许多产品包括多个物种。一些产品包括一组植物,如小麦(Triticum aestivum,T. durum and T. spelta),小米(有 7 种或更多不同植物小颗粒谷物品种)和豆类(不同菜豆和豇豆品种)。所以一些植物品种可能仅仅产生一个非常小的使用范围和有限的使用历史。另一方面附录 3 中的 NETTOX 列表是基于有拉丁名的单一植物品种,但是还没有全面覆盖欧盟市场上所有已知的植物食品。

然而,该列表在全球、区域和当地监管水平上为外来水果和蔬菜作为新资源食品来源的确认和评估提供一个好的开端。如果食用植物列表对使用历史的评估更加有用,那么该列表应基于有拉丁名的单一植物列表并含有植物正常用于食用的部分,预处理和烹饪程序的建议等有价值的信息。有些特殊植物品种的说明可能很重要,因为一些品种的变化也有不同讲究(土豆中糖苷生物碱的含量,豆类中的凝集素)。

从经验来看,包括附录 2 和附录 3 中来源于植物的食品在欧盟地区不被认为是新资源食品,除非部分通常不作为食品来源的部位(小麦的茎)用于生产食品。那些来源于传统食用植物,迄今为止非食用部位的新资源食品,需要用第 7 章描述的科学的方法和信息进一步进行评估。附录 2 和 3 的列表能够成为传统植物食品分类的起点,意味着能对这些食品进行更正式的安全评估。

在这个项目的框架内,从欧盟的角度列出那些能提供新资源食品的传统植物列表是不可能的,但作为一个例子可以提到的是 IPGRI 已经列出了含有 1 128 个种、285 个属、66 个科的美国本土水果详细目录(IPGRI,2005)。

## 6.2　风险评估政策的建立

在个别情况下,考虑到对于新资源食品,市场可能会有无条件接纳,有限接纳或拒绝三种结果。为了让一个基于风险评估政策的决策能够作为管理决策的基础,科学的安全评估是需要进行的。

新资源植物食品风险评估政策的建立始于科学,科学家在这一领域需要获得不同程度科学风险评估的敏感性和特异性和可预测性/可靠性的风险评估,从而得到识别风险所需的安全数据,然后在此基础上做出关于可利用数据的必要性政策决定的管理决策,例如以上市前数据集形式。

本节讨论科学数据的性质和范围,它能为关于新资源植物食品的安全和利益引起的风险质疑并就如何继续进一步管理决策提供科学支持。

在6.1 节中讨论的风险预测定义,它描述了用作食物的植物组织,并识别了可利用的常识和科学知识之间差距,这将植物食品的成分和结构、不良物质的含量、对人类产生副作用的可能性、传统的预处理和烹饪方法及消费模式和水平等考虑在内,以避免仓促建立起所谓安全食用方法。

尽管许多新资源植物食品出于安全评估而没有明显的定义,但可以预见,整个安全评估并不只是关注一两个显著的已知差异。基本上由传统食品制作的复杂的新资源食品的安全性评估比转基因植物制作的食品的安全评估更复杂,因为原则上新资源食品具有全新的特征,但转基因食品通常仅仅改变一个或少数几个特征,这些特征会成为安全评估的关注点。

因此,工作组讨论了一种策略,建议描述新资源植物食品的安全性和好处。提出的方案如图 6.2 所示,在安全评估中它建立在传统元素基础上:顶部是风险识别("来源于风险预测的数据"),右边那栏是关于风险和利益的特征,左边那栏是关于风险暴露情况的描述,这两栏的结合使用得出最终风险描述结论,包括对下一步行动的建议。图 6.2 中画的完整的箭头显示不同的路径,安全评估的个别案例要根据具体情况而定,虚箭头强调评估过程的迭代元素,新信息和额外的要求会使该过程重新开始。

风险描述过程的起点在右边那栏,主要是使用历史,包括人类关于安全和营养方面的经验。在很多情况下这些信息只在非正式的情况上可用,而不是在正式的科学出版物上。根据历史资料的科学质量,一份关于风险和利益的科学描述可

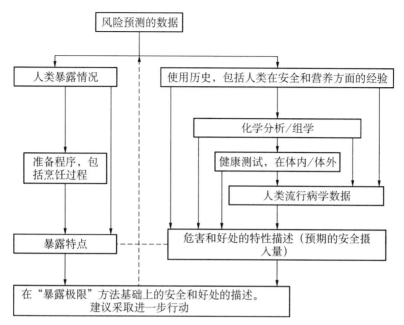

**图 6.2**  新资源植物食品和新资源植物食品原料的安全评估

以被立即执行或者该过程需经历化学分析阶段,通过有益于身心健康的体内外测试,产生人类流行病学数据,如图 6.2 所示。

　　安全评估的详细方法可能在全球列表中已经受到认可的食品植物来源的新资源食品和在世界上某个地区或当地或民族植物学列表中的食品,从未在任何列表中使用植物中不同的植物,这三类的安全评估详细方法不尽相同。在全球列表中来源于植物组织的食品中有关存在有毒的和抗营养物质的信息来源有很多,这可能会促进或影响安全评估。植物在一个地区或本地的列表可能也是如此。对于其他植物,在食品供应中可能有用,但迄今为止在一定程度上没有用作食品,这可以判定它们在其中一个区域列表、本地列表或在民族植物学列表中,只有有限的信息可用于指导安全评估的第一步,但可能导致他们成为食用植物目录的候选。以前的使用历史可能也是非常重要的。

　　工作组讨论推荐一组定义的数据需求作为安全评价的先决条件的可能性。另一种可能是在每一步分成数据生成后再次评估。最后工作组决定推荐在图6.2中阐述的逐案审查法,图中的箭头指向迭代安全评估过程的替代路径。总结上市前评估所需的信息,在某些情况下可能是从图 6.2 中所有方框中得来的。在其他情况下,其中一些信息取决于个别新资源食品的性质。典型的风险描述将通过证据权衡过程得出结论,包括定量和定性两方面的数据结果统计。科学信息的类型,具体风险描述的基础形式在第 7 章中更详细讨论。

在安全评估过程中一个主要讨论具体点是体内外安全测试是否应作为上市前安全措施被强制执行,还是视具体情况而定。小组讨论了老鼠 90 天喂养试验作为"生物滤池"的用处,它增加了在评估方案中前面方框的安全性保证,在这个方面与它的实用性达成一致。小组同样讨论了每种情况下对正式流行病学数据的需求。最后,NNT 得出结论,社会对安全保证的需求是一个社会和道德的问题。因此,实施强制性的动物安全研究和正式的人类流行病学数据是政治体制上的管理决策。

对于人类的暴露设定,根据每日摄取新资源散装食品中卡路里和主要营养素量或偶尔使用具有不同口味和微量元素的散装食品,预处理和烹饪过程的影响,及使用概率方法计算摄入量的可能性,NTT 讨论了新资源食品的预期使用和摄入。

对最后安全效益描述,北欧集团同意不建议使用安全或不确定性因素。相反,NNT 提倡描绘安全和潜在好处的特征,通过简单的计算暴露极限(MoE)值作为确定风险/效益描述的摄入量的安全水平和人类实际估计值的关系。

另一个管理决策是能否在新资源食品上市时把暴露极限(MoE)值放在标签上。当标签和如何处理新资源植物性食品的信息传达到消费者,暴露极限(MoE)值将允许每个用户组决定饮食的组成,这是适合他或她最好、最安全、最营养或最健康的饮食宣传,或只是一个符合他或她关于好食品的个人价值观或期望值的饮食。

## 6.3　小结

本章推荐了在全球层面上被接受的植物食品和被认为是非传统植物食品的区分方法。那些在全球层面上被认为是非传统的植物食品,可能在某个地区或更多地区被认为是传统食品,因此它们在其他地区是作为非传统食物来源并在该地区是新资源食品。同样,那些在某个地区被认为是非传统的植物食品,在该地区的某个地方可能认为是传统食品,或者在该地区或当地的族群中是传统食品。

该过程的第一步就是通过建立风险预测来评价食品的新资源性,然后第二步是通过风险描述过程评价新资源食品的安全性。每一步都是单独的决策树方法。

在第一步新资源性的评估中,本章推荐开发一套作为食物来源的植物列表,该列表可以在全球层面上或在区域/地区层面或特定的族群中。当该列表开发出来后,全球列表和区域、地区和民族植物学列表代表整个人类对植物食品的总结经验。当一种植物性食品首次在一个区域或地区评价其新资源性,那么其他区域、地区和民族植物学列表将被用来考察食品市场上的外来者是否会引起新的问题或在其他地方被使用时能否被接受。

第二步在全球、区域或地区层面上对这些植物性食品的安全性评估时,使用历史是第一重要因素。在全球、区域、地区和民族植物学列表的背后,数据库中有关个别植物食品的科学数据的质量和数量决定是否能立即建立该食物的安全使用历史,在暴露极限基础上建立新资源食品的安全性评价需要添加动物数据、体外数据、人体数据和摄入量数据。评估的方法将在下一章描述。

# 7 应用于上市前分析的不同工具

　　无论欧洲还是澳大利亚/新西兰新食品法规都要求将热带水果和蔬菜等产品投放到市场之前,需要对其进行上市前的告示和评估及接受度的调查(如果根据相关的规定,认为它们是新型的食品)。售前告示的目的是让有关当局能够去评估食用新资源食品的潜在风险。

　　新食品上市前评估的目的是要证明,新资源食品和其对应的传统食物一样安全,在饮食中这种新资源食品所代替的传统食物,并且不会对消费者的健康造成任何附加的新风险(Howlett et al. 2003;Cellini et al. 2004)。

　　人们常吃的大部分食物从来没有被系统地研究过他们对消费者健康的影响。除非被认定对人体有显著风险,这些食品通常被认为是安全的。然而,应当强调的是,缺少毒性的证据不等同于具备安全性的证据。如果没有特定调查,人们只能识别一些急性和严重的风险。食品安全的证明作为总体饮食的一部分,需要特定的摄入量信息和对于健康影响的数据。尽管病例报告、流行病学观察和人体实验可能存在于数量有限的食品中(例如咖啡),对于大多数植物性食品来说,这类关系到人体健康的信息还是相当缺乏(Schilter et al. 2003)。

　　评估和新资源食品相关的潜在风险所需的毒理学数据的性质和范围在很大程度度上取决于新资源食品本身的性质。显然,未被开发的植物会给风险评估人员带来的挑战远大于与传统的、已被确定不存在风险的食物相迈的植物。

　　对于评估新资源食品安全性有重要意义的因素很多。Howlett 和他的同事(2003)强调指出:在任何新资源食品安全的评估中,第一步为深入评价和整理食品原料、生产加工、成分、营养特点和人们与其接触范围和对于该种原料的预期用途等信息,这其中包括所需的烹饪过程等。这项工作应收集相当多的数据,可能使基础评价优先于毒理学测试和其他终点测试,并可能在某些情况下足以评价安全性。例如外来的水果和蔬菜在欧洲共同体以外的地区已经有了长期安全消费的历史。在其他情况下,这可能有助于新资源食品特性的研究,并确定知识差距和关注的可能区域。定义任何对安全评估有重要意义的进一步研究的范围和目标也需要一个基本原则(Howlett et al. 2003)。所需要的附加信息可以是从动物毒性研究、相关物质或食物的毒理学研究或者是任何人体不良反应的案例中采集的数据(FSANZ,2004)。

本章介绍了一些适用于热带水果和蔬菜上市前的安全性评估的主要方法。

## 7.1 植物性食品的特性

从植物学和化学角度考虑而得到的植物性食品的精确规格参数对于风险评估来说是十分重要的。

### 7.1.1 植物特性

对于那些在某个地区没有被较早大量食用的外来的水果蔬菜及其制品,人们正在加速运用科学的分类方法来识别他们,找到他们的亲缘植物,从而加快这些植物的化学成分预测及营养学评价。

应该根据被国际上广泛认可的原则来对这些植物进行分类,包括完整的学名(科、属、种、命名人、亚种、品种/品系)和俗称(Konig et al. 2004)。还应当对其能够杂交的野生亲属和生长地进行描述。

收集大量的植物身份特征信息是有必要性的。例如卷心菜,无论是红色卷心菜、大白菜、小白菜还是甘蓝和西兰花都属于同一种甘蓝属。甘蓝中的一组化学成分:硫代葡萄糖苷,已经被报道会对健康造成不利的影响。不同品种中的硫代葡萄糖苷的组分或者至少浓度的差异性较大。在栽培的品种中,硫代葡萄糖苷的水平会受到如包括生长条件在内的环境的影响。

另一个例子就是生态型物种,其中的化学成分存在差异。虽然这种植物可能不会成为食品,但木质葵(千年不烂心)可以作为一个例子。根据在欧洲不同地区收集的该物种的样品,很可能其含有的配糖生物碱的成分有所不同(Andersson,1999)。

提供植物的用于食用的部分的信息也同样重要。同一化学成分在植物不同部位之间往往有所改变。对于许多植物性食品,如只有植物的某一部分可被食用,则认为该部分是安全的,例如马铃薯植物的块茎(*Solanum tuberosum L.*)。

无论新资源食品是从自然中采集还是植物用特定方式培养,其附加信息可帮助风险评估。如果农业实践经验是很重要的,这些也应该被充分地描述。

因错误识别问题而强调正确的描述植物学特征的重要性。例如在荷兰,在草药茶中曾经使用日本八角或杂交大茴香(*Illicium anisatum L.*)来代替普通的中国八角(Illicium verum L.),从而引发了食物中毒(Johanns et al. 2002)。

　　水果和蔬菜的植物学身份的首要特征为个体的差异,如其外观、大小、形状、颜色、质地、气味和口感。这些参数对于植物育种者是非常重要的,因为这些参数也是影响消费者购买的主要因素。

## 7.1.2　化学特性

　　在大多数情况下,每个培育的品种提供一种食物,如蔬菜、水果、谷物等,植物性食物营养特征取决于其宏量营养素含量,如蛋白质、脂肪和碳水化合物等,以及微量营养素如维生素和矿物质。其化学特性还可以通过特定营养素的含量信息来进一步确定,如特殊蛋白质、单氨基酸、油分/油脂、单脂肪酸,以及简单和复合碳水化合物如单糖和多糖等。

　　无论从监管的角度还是消费者的角度,在经济合作与发展组织共识文件中植物性食品的化学特性是最完善的,尤其是在开发单一植物性食品的过程中。在经济合作与发展组织关于成分考虑的共识文件的序言中,新品种玉米(Zea Mays)的提取就体现了这一点(OECD,2002):

　　　　"这些共识文件包含特定食品/饲料产品管理评价中使用的信息。在食品和饲料安全方面,发表了包含营养成分、抗营养物质或毒性物质,还有其作为食品/饲料及其他相关信息的共识文件。该共识文件通过识别食品和饲料中关键营养成分、抗营养物质和次生代谢产物来提供新品种玉米的组成注意事项。此外,在对玉米新品种评估时也考虑了一些分析建议。"

**在序文中更进一步说明了这一点**

"通过比较这些数据用于鉴定相似或不同并且作为食品和饲料安全评估的一部分。他们应该对指导方针的发展有用,国家和国际的均可,并鼓励经合组织成员国之间的信息交流。"

　　这些文件也为该报告中名单上的植物性食物的发展提供了一个极好的背景材料(见第6章)。

　　从植物学的角度看,植物中的化学成分可以根据其功能大致分成两类。那些被称为植物初级代谢物的物质参与植物组织结构的和内部运输系统的形成,或产生能量。次级代谢对于植物的基础代谢来说是非必需的,它们由初级代谢产物形成和产生。以不同化学形式发生于特定的单物种或一组相关物种中,有时为响应诱导剂,如:特定的环境条件或感染条件下,被昆虫攻击时的所发出的响应。在很长一段时间,对于大部分次级代谢产物的功能知之甚少。然而,在近几年,我们对它们在植物中作用的认识有所增加。许多次级代谢物在植物防御机制中起作用,其他次级代谢产物可能参与代谢过程或在这些过程中作为副产物产生(Hegarty et al. 2001)。因为初级和次级代谢产物在植物中的这些作用,初级代谢产物是对于消费者最具有营养意义,而次级代谢产物相对来说更可能引起不良影响和气味。

以 Hegarty 和他的同事(2001)对食用植物进行了系统评价的研究为例子。这些研究人员在澳大利亚丛林对次生代谢产物进行研究,假设根据澳大利亚饮食习惯,这些成分具有最强的潜在毒性。在这项研究中,他们在主要丛林物种的新鲜冷冻样品中筛选的可能存在的生物碱、氰酸盐、草酸盐和皂苷,并确定这些化合物在食品中的量。该研究的目的是要扩大关于天然植物食品的化学知识,描述了它们在传统族群里中使用的历史,探寻这些食物作为商业开采资源的可能性,同时指明需进一步研究的领域。

很明显,关于存在于新型食物中的营养物质和非营养物质(主要是初级代谢物)维生素和矿物质的种类和含量的知识是必不可少的。除了需要关于潜在抗营养物质和天然毒素存在的信息,确定该植物是否特别容易富集矿物和环境污染物也是有必要的,例如硒和重金属。如果讨论中关于植物物种的知识是有限的,那现存的相关联植物物种中天然毒素和变应原的信息,可以被用于识别所研究的物种的判别化合物的信息,该信息对于物种的判别具有指导作用(Howlett et al. 2003)。如果新资源水果和蔬菜的安全隐患已经在此基础上被提升,化学分析应在进一步行动的决定基础上形成核心信息,如毒理学研究表现。

这种分级方法已经被欧盟 AIR 项目"NETTOX,1995—1997"所采用。在欧洲,食品供应中的天然植物食品毒性的编制和评估数据用来评估食用这种有毒物质对人体健康所带来的风险,并确定方案,尽量减少该种风险(NETTOX,1998)。由于成分数据和安全性数据质量的变化,NETTOX 必须制定质量数据评估体系,该体系根据科学质量,把成分数据分成 3 类,把毒性数据分成 4 类。此外,采纳 LanguaL 食品说明系统以提升 NETTOX 数据库和全国食品消费数据库的兼容性,从而根据危害和暴露(NETTOX,1998)分析来帮助风险评估。

分析新资源食品可能常常遇到的情况是,无法提供特定化合物的化学分析标准,因此,需要化学合成该物质。这虽然大幅提高分析工作的成本,但是可以产生后续毒性试验所需要的材料。如果一个广谱的化学分析不能够识别某些化合物，那么将需要额外的研究，这种类型的信息可能是危害特征描述（见图 7.2）所需的唯一数据。举一个例子，新资源食品是通过植物一部分加工而成的而不是通过得到公认的植物加工食品。

## 7.2  用于食用的历史

描述新资源植物作为食物的历史，是安全评估的重要导入部分。在一些特定地区，根据食物和从未被食用植物的种类，使用热带水果和蔬菜作为食物的历史也各不相同。来自其他地区有名的、并有很长的使用历史的植物性食物，也并没有负面影响的报告。

因此，在特殊地区，可以通过是否缺乏既定记载历史《作为食物的历史》来决定该可食用植物的新资源之处。关于新资源性定义的方面，第 5 章中所列举的表格是至关重要的。只有基于全球、区域和地方的努力，更是基于数据库的记录，才能得到这些有历史记载能被食用植物的名单。这些数据库文件中记载了特殊的植物性食物及其植物学和化学特性，并且记录了这些植物在特定区域或地方环境的被食用的历史。每一个列表均是由其覆盖的地理区域来定义。当一种植物在一个地区被当作一种新资源食品时，随后可能根据另一区域该植物被作食物的历史信息将该植物从进口列表中移除。

术语"作为食物的历史"包括在不同定义上的地理区域中描述的使用方法、摄入量、吸收模式、在市场上被售卖的时间、不同的制备和处理的方法和对人体健康的影响等信息。而术语"食品安全使用历史"包括对信息的科学评估并意味着该评价可得出其能否安全使用的结论。

术语"作为食品安全使用的历史"而不是"作为食物使用的历史"，可以被定义为如下：

对于食品"安全使用历史"是合理推定安全性的一个术语，从成分组成的数据到大量遗传多样性的几代人群的饮食经验，均有证据证明它的安全性。这个推测应用于特定的环境中（使用条件，如所使用的植物部分和所需的加工处里）并且允许少量对其厌恶或者过敏的易感人群（S. Page，WHO：personal communication 2005）。

相反，建议使用"传统应用"这一术语来代替历史。"传统应用"的概念是基于人类/文化所传承的知识和经验（但可能仅包含非常有限的科学文献）然而，好体系的建立一般是基于有可用的科学数据补充的传统使用(Bast et al. 2002)。传统应用可能会提供有关急性毒性的资料,但不太可能提供有关慢性毒性资料。从传统应用得来的信息会受到食物的供给情况、特定人群的总体健康状况、提供的医疗保健和健康监测设施条件的影响(Bast et al. 2002)。

在谈到植物源性食品的安全使用,使用,传统使用和公认的使用历史的时候,就会提到新资源食品预测其发展以及关于其主要改变的细节等描述信息。如果有的话,还有关于该食品的任何细节例如加工、准备、保存、包装和储存,关于它的使用目的及加工方向,它在其他地区的使用等适用于新资源食品的信息,那么依靠这些信息可以得到食用该新资源食品的风险评估信息,判断该新资源食品对于消费者来说是否安全的。植物性食物的安全食用,有时依赖特殊前处理方法,根据"用餐习惯"使得它具有适口性和更加安全的特性(König et al. 2004)。红芸豆和第4章中提到的羽扇豆说明了这种情况。

在"食用历史"的描述中,记住"食用历史"是发展的,即在该地区的传统饮食发展的来龙去脉,这是十分重要的。从监管的角度来看,一个地区通常是由国家或联合体的边界来定义,例如欧盟,但它也可以如世界卫生组织所定义的:全球环境监测系统—食品污染监测与评估计划(GEMS/Food,WHO,2003),其中全球的饮食方式规定为5种区域饮食模式,即中东、远东、非洲、拉丁美洲和欧洲模式。"欧洲"的饮食包括非欧洲国家与欧洲的饮食,如澳大利亚、加拿大和美国。对于5个模式中的每一个模式,GEMS/Food文件列出250种来自植物源和动物源性的原料和半加工原料的食品。而且通过使用集群分析方法,基于粮农组织食品平衡表制定出了13种GEMS/Food膳食(http://www.who.int/foodsafety/chem/gems/en/print.html)。虽然开发这些饮食结构的目的是预测从食物中摄取的放射性核素,已被FAO/WHO联合专家委员会用来评估食品添加剂和农药残留,但这些GEMS饮食结构同样可以用来定义、并完善区域植物性食物进口列表,包括它们单独被食用历史、消费模式或预期使用水平。

其他重要的关于支持一种有着安全食用历史的新资源的植物性食物可作为世界其他地区的传统食品这一结论的数据信息,包括关于食用分量/每日摄入水平、消费目的、可能的目标人群和已知的潜在问题(注意事项、禁忌症、不良反应)(ILSI,2003)。公布的数据应该尽可能地在区域或地方一级收集并评价其质量和实用性,因为不同国家/地区语言表达的不同国家/地区文化,包含了大量不能够通过全球数据银行来访问的信息。如果这些数据能够被整合到数据库中,用来完善或支持区域或地方的进口植物源性食物的列表,那是非常重要的。这也意味着,在一个地区以前就存在的植物名单将会支持曾经认为该植物性食品为新资源食品的区域来引进该植物性食物。其他来源,包括现场数据的收集,对于提供用于评估的事实和/或指导来说也是有用的(Howlett et al. 2003)。

当整理植物性食物食用历史时,考虑到长期的传统的育种方式可能给市场带来不同的食用性植物是同样重要的。从这些不同品种中得到的食物组成可能有很大的差异,覆盖这些不同品种植物的使用历史的信息对于加快制定安全使用历史来说是急需的。

关于地方声明或者植物性食物对健康任何影响的信息在评估其安全性方面都会有很大的帮助。曾经被作为药用目的或者在世界不同地方用作治疗的配方的植物,无论是否作为食品食用(或植物产品/涵盖食品定义的提取物),可能都要考虑它对人体健康的生理影响。关于这个问题,不仅要考虑它有益的方面,而且还要考虑它的安全(Schilter et al. 2003)。

在一个区域被认为是新资源食品的大部分热带水果和蔬菜可能在另一个地区是众所周知的安全食品,有着安全食用的历史。第6章介绍了在此背景下的全球、区域、地方和民族食用植物准许进口货单的概念。

准许进口的货单应该单独描述各植物性食品和标识其植物性来源。最合适的列表是基于可食用植物的名称,随后细分成有别于其植物的单独植物性食品。该说明应包括植物名称和同义词的精确鉴别(包括世界不同地区的意思等同的语言,国际标准的标准地名,ISO),植物具体部分的分析、分析结果、样本量、采样年份。它还应该包括关于成熟度、品种、生长条件、储存条件、一般的加工程序和食物准备程序、原产国、原产地区、收获季节等描述。可食用部分的成分数据应包含常量和微量元素含量、本身的毒物和抗营养因子的信息。对于单独一种植物的专题描述应该包含所参考的涉及营养、毒性和健康宣传评价的科学文献。当世界范围内的每个区域或每个国家或经济共同体都已经建立这样的名单,这样最符合发展趋势,每个人都能够利用这些表单来评估最新的新资源食品和以后不同植物性食品的安全性。可以预见这份表单会促进与异国植物性食品的全球贸易,以及提高区域和地方接受度,从而引进在其他地区有着安全使用历史的新资源区域性植物性食物。

## 7.3　新资源植物性食品在动物安全测试方面的研究

用实验动物进行毒理学研究,早已被开发用于评估离散化学物质。在食品成分安全性评估的组合测试中，啮齿类动物实验是不可或缺的，这些食品成分包括食品添加剂、农药、医药和工业化学品（WHO，1987，1999）。因此，对于这类测试，国际有公认的标准方法（OECD，1995）。在大多数情况下，测试物质的特征是已知纯度、无营养价值和人体暴露量较低。因此，在一定剂量范围内喂这些化学物质给动物是相对比较简单的，喂药量大于预期人类暴露水平，以确定是否有潜在的对人类不利的影响。当确定一种对人体不利且非致癌性的影响时，动物研究实验可以确定人体没有明显的毒性反应的最大暴露值，这就是所谓的未观察到不良效应水平或 NOAEL（WHO，1987 年和 1999 年；ACNFP 1999 年；Howlett et al. 2003）。NOAEL 随后被用于计算摄入的安全限值，即每日摄入量或 ADI 值。

与此相反，从植物中生产出的新食品通常是含有各种化学物质的复杂混合物，由于植物品种和生长条件的变化，这些复杂混合物的浓度可能存在潜在的变化。由于食品本身的自然体积和动物对其的饱腹感不同，只能给动物喂食相较于人类食用量较低倍数的量。动物研究水平上，可能无法显示出新资源食品中含有的具有潜在毒性的化合物。另外，影响指导食物的动物性研究的一个重要因素是饲料的营养搭配。在饲料中，当增加测试食物含量至高于某个特定水平时，可能会破坏饲料的营养平衡，并且可能引起一些不良反应，但是这些反应与原料本身不直接相关，而是由于营养失衡造成。因此，找出潜在不利影响与食品独立性特征的主要联系是十分困难的，除非调整好动物饮食以及精心设计研究（ACNFP，1999；Dybing et al. 2002；Knudsen and Poulsen，2005）。一种有效而特异的方法是，将新资源食品中单独的、关键组分的识别与整个食品的检测结合起来，最后在单独研究中加入标准关键组分（Knudsen 和 Poulsen，2005）。

新资源食品的任何毒性试验项目的目标应有助于识别潜在风险，其剂量—反应关系被证明用作食品时是不会引起危害的合理性和确定性（Howlett et al. 2003）。如果适用，该新资源产品的安全性应始终与它将替换的食品的安全性相比较（Howlett et al. 2003）。为了确定新资源食品的安全必须逐一去做成套测试，这是相当重要的，因为相比于传统的食品，新资源食品的在其新颖范围内可能有很大的变化。因此，无论是对单一确定的物质还是对整个食品的鉴定，不能设置一般规则来规定最终名单。在决定哪些研究对于特定的新资源食品是必要的和适当时，指导原则应该是用其他方面的信息来解决毒理学方面的问题，在十分明确的条件下，是能够这样做的。确定合适的毒性研究实验。有时是非常困难。如果毒性研究没有经过设计并且脑海中对所做的事没有明确且可实现的目标，那么，对于安全评估也不太可能有推动作用(Howlett et al. 2003)。

新资源食品在上市前需要进行动物毒理学研究的考虑，最有可能集中于两个主要问题：在新资源食品中检测出的未知自然物质，其中化学实体含有的潜在毒性以及在重复剂量喂养啮齿动物或猪的研究中，食物食用存在不良反应的安全性。

当然，不同的化学实体的毒性测试结果取决于这些分离形式的化学物质混入饲料的可用性。这样的测试程序通常以急性毒性试验开始，之后进行 28 天的啮齿动物喂养试验(Knudsen 和 Poulsen，2005)。事实上，如果进行毒理动力学试验，它们只可能用于鉴定化学物质和简单的混合物，除非它的重点是确定组成，否则对于完整的食品是没有用的(Howlett et al. 2003)。

在整个食品的重复剂量动物喂养研究可能给上市前提供有用信息的情况下，啮齿类动物 90 天的亚慢性毒性试验很可能是研究时间最短最合理的，并且可能有足够时间来提供充足的数据用于评价安全性，或确定是否有必要进行进一步的研究。动物毒性研究的范围一般应包括适合这类动物实验草案的全方位实验参数(Howlett et al. 2003)。为了确保啮齿类动物研究的科学有效性，应致力于注意和关注将新资源食品加入饮食的设计(Knudsen 和 Poulsen，2005)。有人建议猪的 90 天研究可能提供更好的生物过滤器来保障人体健康，因为这种动物的胃肠道与人类更为相似。

安全性评价重复剂量动物饲养实验优化设计的主要挑战是，相比新资源食品组，如何比较与识别对照组。在某些情况下，是直接选择与新资源食品相近的水果蔬菜。在其他情况下，对照组可以是在人类饮食中将要由新资源食品代替的食物产品。最后，在某些情况下，没有可以确定的对照组，新资源食品要单独受到评估。该种情况可能适用于大多数目前尚不清楚代替什么特定食品或食品组的新资源食品。

当有一个很好的对照组时，在动物饮食中要加入的新食品的量可以是在同个水平上，即最高耐受剂量(从短期研究和成分数据计算而来)；当没有对照组时，有两个水平，即相当于预期人体摄入量加上最高耐受水平。在第一种情况下，好的对照组使得新资源植物食物和所对照组已知(安全)摄入量之间的暴露容限能够直接计算，而在第二种情况下的计算式，取决于说明预期人类摄入安全的实验数据的存在(在本研究的职权范围)。

如果重复剂量喂养研究成为危害特征描述的关键研究，在暴露特征描述中，所用的剂量水平将成为一个与预期的人体摄入量比较的存在。以这种方式建立的暴露容限将成为基础的风险特征描述的基础。

## 7.4 新资源食品毒理学和诱变性的体外测试研究

体外测试的方法相对便宜并且效率高。然而,体外测试结果只能表明毒性作用,因为这些测试系统依赖于纯化重组蛋白或细胞组分,或人工培养的永久性细胞系。它们只是在有限的程度上代表了生物活体中这些细胞组分或细胞的功能。因此需要体内测试来确认体外测试中的有毒活动是否存在(König et al. 2004)。

体外遗传毒性的研究通常只对特定的化学物质或简单混合物有用。一般来讲,在基因毒性研究中对天然食品萃取物进行测试是不合适的,因为实验条件可能会产生人工制品使解释变得困难。然而,基于文献知识,复杂新资源食品的单一组分可以通过这样的研究进行识别和调查研究。对于复杂的食物,可以通过对骨髓细胞或外围淋巴细胞开展调查确定不存在基因毒性,作为重复喂养啮齿动物研究中的附加补充成分(Howlett et al. 2003)。

在新资源食品的情况中,应该认识到许多植物性物质含有的天然成分在体外基因毒性测试中可能呈阳性。尽管这样的结果暗示植物性物质具有基因毒性效应,但情况可能不是必然如此。许多在体外测试结果呈阳性的化合物,在体内测试却呈阴性,证实了在这种情况下也诱导了突变(Bast et al. 2002)。然而,体外结果呈阳性时应进行体内研究,除非阳性结果可以归因于一个已知的在体内安全的成分(草药产品的 EMEA 特设工作组,1999)。

## 7.5 新资源食品致敏性研究

食物过敏是无害的食物或食物成分发生不良反应,特点是人体免疫系统对食物中特定蛋白质的反应(WHO/FAO,2001)。这种反应被视为异常,因为只有一小部分人口(有倾向)以这种方式对蛋白质做出反应。在西方国家,食物过敏的患病率在儿童中达到 8%,但在成年人中只有 2%(Sampson 和 Burks,1996)。尽管食物过敏在儿童中的发生率是成人的 3.6 倍,但是在成人中有更多的重症病例(Morisset et al. 2003)。

食物过敏最常见的类型是通过过敏原特异性的免疫球蛋白 E(IgE)抗体介导。IgE 介导反应被称为速发型过敏反应,因为在摄入过敏食品几分钟到几小时后就出现症状。IgE 介导反应可能由花粉、霉菌孢子、动物皮屑、昆虫毒液、其他环境的刺激以及食物引起。在 IgE 介导引起的食品过敏中,暴露在特定的食品和蛋白条件下,除了与抗体反应外,还能引起食物过敏原—特异性 IgE 抗体的进一步发展。

真正的食物过敏还包括迟发过敏反应,它的机制目前还不太清楚。这种反应包含了细胞介导反应,它激活了组织的淋巴球而不是抗体。在细胞介导反应中,一系列症状在摄入过敏食品 8 h 以后才出现(FAO/WHO,2001)。

追求完全没有致敏性风险是不现实的。普遍的观点是目标应该确保一个新资源食品至少与它对应的传统食品一样安全,这样才能在饮食中替代其他食品。考虑到这一点,关于致敏性的目标是确认新资源食品与对比的食物产品相比,是否增加了诱导敏化作用或引起过敏反应的可能性(Kimber 和 Dearman,2002)。推荐贴标签应该是降低风险的考虑中的一部分。

食物过敏是由各种各样的食物引起的,其中最主要的产品是花生、大豆、小麦和坚果。对新鲜水果和蔬菜具有过敏反应被称为口服过敏综合征(OAS)。OAS的症状通常是轻微的,大多局限于口咽部。一些引起 OAS 症状的食品中最有效的过敏原在加热和消化的条件下并不稳定。然而对于水果和蔬菜过敏的患者,其中的某些个体在 OAS 之后可能是一个系统性的反应(FAO/WHO,2001)。

新资源食品可能与众所周知的食品或花粉过敏原发生交叉反应。新的与众所周知的过敏原之间的交叉反应可以通过各种方法研究:血清学方法、皮肤点刺试验或激发试验或在 Sten 等(2002)和 Fremont 等(2001)的研究中对过敏患者用南海螺母做过的双盲安慰剂食物激发试验。

在新资源食品中蛋白质的氨基酸序列已知的这种罕见情况下,这些序列可通过生物信息学方法预测该蛋白质是否可为过敏原(Codex Alimentarius,2004)。因为目前没有一种测试方法能够在缺少氨基酸序列的情况下(通常出现在新资源食物的蛋白质案例中)预测一种蛋白质是否为过敏原,所以大家逐渐达成共识,认为需要一个鉴定过敏潜力的合适且经过验证的动物模型(FAO/WHO,2001;König et al. 2004)。目前用于预测和表征(蛋白质)致敏性的动物模型是基于在测试组中诱导抗体应答反应和/或响应频率的评价。继续研究蛋白质过敏的免疫生物学并特别强调可用于从不敏感蛋白中区分蛋白过敏原的识别分子标志物是必需的(König et al. 2004)。用于致敏性最合适的动物模型应用一系列敏感性(弱和强)和不敏感蛋白质全面评估,从而可以评估它们的灵敏度和选择性(König et al. 2004)。

## 7.6　新"组学"方法的应用

虽然许多问题有待解决，前方还有重要的挑战，但预计从基因组学、转录组学、蛋白质组学特别是代谢组学中获得的信息将在新资源食品本身的鉴定、特征描述和性能分析以及其植物性来源方面有极其重要的利用价值。

可以预见的是，在未来特别是代谢组学对毒理学中采用的个案方法产生显著影响。人们可以预测，使用这些技术从实验中获得的信息将成为提高评价化学物质对人体影响方法的基础(Eisenbrand et al. 2002)，但这是比新资源植物性食物安全性测试覆盖更广的问题。

## 7.7　人体实验的研究

人体实验，是正常的而非正式的人体的科学研究，在应用历史的数据收集中是必要的部分。人类对于一种特定食物的摄入量在一个地区与另一个已经认为它是新资源食品的地区是不同的，在这个地区，这种食品通常仅会被认为需要通过几代人的食用方式来进行经验观测，从而确定此食品是否有问题。通常伴随着的问题是，这个食品是如何做出来的、怎样食用、需要多少钱去购买，以及它是否有一些特殊的注意点。这种种的信息都没有沿行科学研究行为的规则。

毫无疑问，人体的临床研究与可追溯的及未知的有关人体的流行病学数据，很可能会在对新资源食品安全性评估的问题上，比起其他领域的安全测试来说，这个更为重要。在体内动物实验证明没有不良反应后，需要考虑人体试验来确认是否有代谢和生理紊乱。用毒理动力学实验来补充动物数据的可用性需要着重强调。其余的机理研究可能适合调查意料之外的不良反应。种群的特定亚群是否对与食物相关的潜在危害更为敏感需要研究更多细节，健康人群中更易受特定风险影响的子群包括婴儿、孕妇，哺乳期女性还有老年人。在许多情况下，在有质疑的食品早已经被食用并且因此没有被认为是新资源食品的地区，这样的研究可以没有道德问题地进行。

人体上的研究不应该只作为上市前安全评估的例行部分，而是可以通过提供确定营养质量和是否存在不良反应来做出贡献，但这却并未被提前考虑。在上市后开始执行群体研究，目标对象是一般人群(也就是在满意地完成一次安全评估之后)，这可能会有助于使预期中的惯例模式和暴露水平得到确认。当一种复合物的安全性已知时人体实验可能也会用来检测生物利用率或者人体代谢情况，由于新资源的植物来源食品总是在某些地方被人类食用，在这些地方的相关人体实验通常不会有道德伦理约束。

## 7.8 新资源植物食品的营养评价研究

对于一种新资源食品的营养特性的评价是整个评估过程中非常重要的一部分。这种新资源食品应该从它对于人体饮食可能产生的影响来进行评价，保证它进入食品链不会因营养缺失或过量而引起不良反应。这种评价的基础可能是使用新资源食品经验或可能是分析数据、声明或建议，以及针对人体设计的实验（见上述部分）。

新资源食品的关键成分在大多数情况下是特定食物中的营养成分，这些可能会对顾客产生本质的营养方面的影响。这些成分可能是主要养分（脂肪、蛋白质、碳水化合物）或者微量营养素（矿物质和维生素）（König et al. 2004）。新资源食品可能包括了抗营养素成分，会抑制或阻止人体代谢通道或减弱消化。抗营养物质可能会减少营养素的摄取，尤其是蛋白质、维生素或矿物质，因此，降低了食品本身的营养价值（König et al. 2004）。

## 7.9 暴露评估研究

对于新资源水果和蔬菜（及其他新资源食品）来说，暴露评估应该用以确保在预期的使用条件下，对于使用者有充足的暴露水平量。

对于外来的水果或蔬菜的计划或预期使用将为这种使用是否安全还是会构成危险的评估提供绝对必要的信息。对于这种新资源食品在一生中能在预期使用范围内使用几次或是可以被可预见性地以每月几千克的量来食用，这样的一个危险特性描述的结论非常重要。通常，对一种新资源食品和它价格的销售争议将告诉我们，这种新资源食品小剂量时是否主要保持健康，或者预防一些慢性疾病是作为食物制备的一种新奇调味品，又或者它真的旨在代替主要的传统食品成分，因此以量销售。同时，水果或蔬菜来源的地区经验可以提供有利的信息，当地环境下提议的新用途必须考虑到消费模式（Howlett et al. 2003）。传统上偶然食用或专有地与另一种物质结合的食品被大量或以不同组合食用时可能产生问题。

暴露评估应该考虑制备和烹饪新资源的植物来源食品的恰当方式。一些可以生吃；一些可以碾碎成粉末然后通过焙烤方式吃；一些可以削皮蒸煮吃，一些先萃取，再用酸或碱处理后，晒干或煎后再吃。所有这些过程都很大程度地影响内部的毒素含量和消化利用程度，单个新资源食品的宏量和微量营养素都会在危险特性描述中评估。

食品暴露评估的主要目的就是估计特定的食品或食品成分的总摄入量。这包括了预计的每日摄入量的确定和每日人均摄入量的理论最大值（König et al. 2004）。对于特定食品的暴露评估可能经常由于在人群内或人群之间食品消费的巨大变化而缺乏精确性。因此，对在人群范畴（人均摄入）和个体范畴上的食品消费进行信息收集是非常重要的。

而且，预估应该考虑人群的人口学亚群的变化。因此，根据年龄、性别、社会—经济地位、地点和种族来源来对饮食摄入评估分层是必要的，根据仍存疑虑的新资源食品人体研究的结果。

对于极端暴露的可能性，新概率学工具有更好和更现实的评价。

## 7.10　危险特性描述和安全性研究

危险特性描述是基于危害特性描述和暴露评估的结果。它评估已有定义的以植物学来源和化学组成为特征的植物性食品的安全性和营养特性。NNT 建议的危险特性描述，更确切讲，单种的新资源食品的安全是由暴露容限定义的，由每日安全摄入量估计值除以人体可能每日暴露量所计算的。这个值被风险管理者用于指导对一般食物供应的新资源植物来源食品使用的进一步决定。如果在食品中适当指出，就可以由消费者自主选择符合他们期望或需求的恰当食品。

## 7.11　小结

工具箱中的方法和条例虽然不是新制定的，但都是从天然食品评估领域的化学安全和营养评估领域而来的。其中一些已经在进行重新调整，改进后运用在新资源食品安全评估中。

对于新资源植物来源食品的安全评估，由 NNT 提供的现有最重要的方法是明确植物来源食品特性描述，这是基于植物特性描述和化学描述以及使用经验的，主要结合了所推荐的全球列表、地区列表和民族植物学列表的延伸发展组合使用，这些列表都基于暴露和安全性的质量评估数据。如今，这样的列表仅仅开放了有限的一部分,支撑这些的数据通常并没有与其相关的有限质量保证的确切来源。这对于新资源植物来源的食品来说,是全球贸易一个主要的障碍,因为在许多案例中值得信赖的列表信息足够确认安全使用的历史作为地区危险特征描述的指导,在这样的地区这种新资源食品还并未被食用。如果植物特性描述和化学描述都意义明确,并且可由主管当局确认安全使用历史,那么在此情况下可能没有必要去强制进行动物或人体试验。

　　动物试验部分认为做好计划和执行的动物研究重点关注放在试验饮食的设计上,这种试验对真正的新资源食品在上市前进行的真实、有效的生物筛选。当安全史并没有基于有用的数据确定以及当体内研究建立的安全性减少了人体研究伦理障碍时,人体的临床研究和正式的流行病学研究与上市前情况有关。

# 8 新资源植物性食品领域管理和 科学技术之间的互动与交流

在一个国家或地区是传统的传统植物性食品对于另一个国家或地区可能是全新的食品。欧盟法律认为区分传统植物性食品新型植物性食品是必要的,因为根据欧盟法律,新型植物性食品来源食品需要经过上市前的评估程序。因为欧盟法律较新,从 1997 年才开始,这个程序中的法律和科学的方法还没有完全制订出来,在同时迫切需求概念和思想的互动交流的交互观念中急需。

在这种背景下,本报告产生了两个建议。一项是有关一套标准的,这些标准用来判断一种植物性食品是新型的还是传统的,同时另一项建议是关于针对没有或只有有限的安全食用记录的植物性食品的安全评估方法。

在这些提案丰富发展的过程中,大量问题强调了管理和科学间持续互动过程的必要。如下讨论,在这过程仍有许多独特的或者未成熟的概念,这些概念需要同时从管理和科学角度给予关注,并且许多新的管理和科学性方法也仍需要发展和改进,最终成功地应用到食品安全中。

第 2 章介绍了在加拿大、澳大利亚/新西兰和欧洲的新型植物性食品法规,在那些地方,异国的水果和蔬菜可被包含在各自的定义中。尽管这些法规目的是保护消费者免受新型植物性食品的潜在不良反应,但是这些食品仍然有着同样的内部问题,也就是说在法律的实际操作中,对于术语"新型"的单一理解是不同的,对于新型植物性食品是否应该受法律管理也存在争议。

从第 3 章涉及的历史经验角度和第四章中有关过去和现在的引进植物性食品的例子中,一方面我们有证据表明传统植物性食品可能对人体健康有不良反应,另一方面考虑到大量的传统植物性食品已经在市场上流通且大量的新型植物性食品已经引入,这个问题似乎又是可控的。然而,新型植物性食品引入到市场的高速度以及顾客对食物质量的高期待,使得法规成为政治需求。高质量食品指可接受的安全保证(包括没有潜在致敏性),作为整体饮食的一部分有良好的新型植物性食品营养和健康性质,以及正确的在制备和烹饪过程赋予其新口味和风味的指导方法。对于外来的水果和蔬菜的法规不太严格是一个事实：相对于食品添加剂来说，只要它们保持水果和蔬菜的原有形状，对消费者来说是非常明显的，那么消费者也会根据已有的信息做出明智的选择。

植物性食品的审批程度法规面临很多挑战：

- 现有法规使用了很多专业术语，如新型植物性食品，"安全食用史"，"不充足的知识"（insufficient knowledge），"大剂量使用"（use in significant degree）等等。而这些专业术语定义不明，从而导致什么应该被批准什么不应该被批准的疑惑。

- 关于句子"新型食品的法规应该关注那些没有足够信息来确认安全食用的植物（节选自澳/新准则）"存在一个基本问题：尽管从科学角度来说是有意义的。然而"信息不足"并不容易或没有被清楚定义。我们在一种情况下可以不用考虑信息不足的问题，那就是植物及其加工产品经过了当局的安全评估。因此，最重要的任务就是从管理角度来明确评估范围和获批程序。

- 通常建议：以植物物种作为安全评估和程序批准的出发点，而不是食品商用名如猕猴桃或豆子。然而，一种植物物种可能包括许多品种，这些品种需要被区别对待。

- 有许多植物性食品在某一个地区被定义为新型食品，在另一个地区早已普遍，这种现象可能因为经过多年传统育种后衍生出不同的植物品种，就像猕猴桃的例子一样。考虑到使用记录和安全食用史，评估范围应该考虑到该品种的植物物种。野生物种和高度选育品种之间的区别对于定义新型食品及实施安全评估非常重要。

- 传统育种，包括一些技术的使用，如杂交，结合选择压力的物理或化学的诱变，可能导致植物成分有了明显的变化。因此明确有效审批的范围非常重要。在如有毒物质或维生素等关键成分在安全评估程序中被查明的情况下，审批的条款应该是食物中这些关键成分不应该在明确规定的限量范围之外。有些时候，批准范畴可以扩大，以给予那些没有特定限量的传统育种植物更多的空间。如果一种植物是经审批的新型食品的来源，该种植物可以被调整为在未来用于食品的任何其他传统育种植物。

- 安全食用史是导致来自植物的食品不经进一步调查而获得批准的重要标准。企图从科学科度确定什么时候才能满足安全食用史非常困难，它很可能因为科学文献的过高要求就失败了，即使对那些常用食品也从来没有轻易获得。仅仅很少一部分植物来源食品会具有强有力的科学证据来确定其安全食用史,如:流行病学检查。上市前对新型植物性食品的评估可能需要一个不太科学严谨的程序,如加拿大的一样(见前文),在加拿大,满足如下要求才能有资格进行评估:在其他地区有明显的世代食用史(例如100 年)而且有报道其不良反应、销售前加工处理、种植或收割、可能消费的金额和成分。

- 一些计划上市的新型食品有理论上支持他们销售的论据。在一些情况下,这些论据声称保持健康并预防慢性疾病,在另一些情况下,这些论据打算治愈疾病。在后者的情况下食品与药品的界限十分窄,因此,在审批程序中需要慎重考虑。

考虑到上述问题的本质,NNT 早期的结论指出,大部分问题都有较强的管理成分,附带有大量的社会价值。这些问题被第 6 章的描述的两阶段管理程序中解决:①决心将植物性食品的新颖性作为风险监测的组成部分;②建立用于实施科学风险评估的风险评估政策。这些结论高度依赖于过程中的科学输入,以及在第7 章中提到的用于安全评估的科学工具。

这些科学工具在其他领域也是众所周知的,并且在与食品添加剂、农药、新型食品和转基因植物性食品有联系的安全评估中都有被提及。第 7 章中有具体讨论,在此不再赘述。本报告中引入的新型植物性食品的风险评估和风险管理的新概念和原则是:

- 两阶段管理程序旨在建立新颖性和用于安全评估的资源投入;
- 全球性、地区性、本地和民族的植物列表的使用能用来指导第一阶段关于新颖性的决定,然后在第二阶段进行安全评估。

在两阶段管理程序中的第一阶段中,管理层收集了利益相关者、此领域科学家和消费者有关的风险概况,考虑如下因素:产品自身,预期得到的信息、使用史、风险评估(如人体健康、经济和其他潜在的结果),消费者对于风险和收益的认知和风险和收益的社会分布等等。如下讨论的植物列表是食用史的集合体。在这一阶段需讨论的问题需要得出以下结论:该植物性食品是否在地区或本地水平上是传统的,或者在这个地区是否是传统意义上的民族食品,又或者实际上它是一种新资源食品。如果是新资源食品,那么就要根据规定进行安全评估。

在两阶段管理程序中的第二阶段中,管理层决定用于在第一阶段中被确定为新型植物性食品的安全评估政策。在这种背景下,风险评估政策意味着基于科学建议和广泛的社会价值判断,当局确定了科学数据的范围和序列。这导致形成了针对数据的强制要求,从而使上市前审批阶段的风险评估者得到有效的数据。当局即管理者需要对于评估中数据可利用性的决定担负社会责任,因为数据来源不可能由科学家承担责任,同时也因为科学家为了进一步获得数据的科学想象力是不受限制的,基于提高评估的科学愿景和希望能够充分体现针对安全评估可靠性的科学责任。在实际中,数据来源可能需要来自申请人,但是这取决于不同国家/地区的法规的制定。最后,在敏感性、特殊性和结果可预测性方面,风险评估的结果完全取决于原始阶段明确的和管理上的风险评估政策。

为了从一个地区到另一个地区顺利引进所谓的异国水果和蔬菜,NNT 推荐安全食用史概念作为上市前递交申请的核心要素。由申请者递交的数据在某种程度上可以支撑该产品的安全食用史,递交被接受后,在这一点上不需要进一步的数据。NNT 发现在前文引用的加拿大方法对于指导全球、地区、当地的新资源食品风险评估政策的总体框架很有效。

为了支持和缓解用于上市前提交的标准化并高质量的"安全食用史"数据的可用性,NNT 推荐建立一套世界性的公认的植物性食物清单,包含全球、局部地区和当地水平。植物的单独列表在安全食用史上的数据应该是相同的,包括在那个地区或地理区域人们安全食用该植物的果实、根或其他组织。当在一个区域列表中被列入的植物作为新型植物食品引入到另一个区域时,前者在列表中记载的有关安全食用史的信息可以被第二个区域的申请者和当局或当地专家作为提交的材料。很明显,为了科学评估者进行合理的安全评估,这些清单应该有可靠、高质量的信息以及准确的参考来源。

这样的列表在现在还不存在,但是在附页 2、3 上显示出的每一份列表给出了NNT 提出的关于这个概念的广泛提示。经粮农组织修改的附录 2 中列出了基于生产数据的商业化农作物。这会导致一些偏差,由于在使用上的不同(如作为香料或者营养物能量)以及在生产和实际引入关系间的不同。不是所有的国家都给予商业化产品确切的信息,同时自家种植的产品也可能被忽视。然而粮农组织期望在列表中所有的植物(或植物产品)都有作为食物的安全食用史基于其在世界范围食品进口中确立使用方法和使用水平。

每一个地区列表应该包括(最好)这样的植物性食品:①它们被人们广泛食用,②因此一般来说有很长的食用历史,③至少有足够的潜力可以提供足够的数据来满足安全食用史标准,这些数据有助于将这样的植物性食品引进到从未食用过它们的地区。在附录 3 中经调整的 NETTOX 列表覆盖 300 株植物,这些植物1997 年在列出的欧盟地区被认为是主要的食品来源,这可能是当今生效的区域/

当地植物列表中最好的例子。NETTOX 列表和其背景数据(在这份报告中没有详细展现出来),是最接近 NNT 设想的列表。第 5 章列出的三个民族植物调查可以转变为民族植物清单。它们对于欧盟来说是完全新的植物性食品。

纵观那些有引进可能性的新型植物性食品的植物,以欧洲为例,有超过 1 100 可食用的水果被认为可以在南美洲食用,有 782 种可在秘鲁食用,以及在全世界有将近 7 000 种其他植物物种存用于人类食物链中,这些在第 5 章中都有描述。在附录 1 NUS 列表上 101 种植物物种给出了该方向一些提示,许多植物并不能认为是新型的(其中有 48 种植物在 NETTOX 列表上)。根据国际食品政策研究所的网站上所述,NUS 列表的目的在于关注那些能够确保贫穷和偏远地区人们的食物和收益的一类植物。然而可以预料到,有许多被认为是新资源食品的植物,在没有挨饿问题的地区会被当作是可以促进健康的食物进行销售。这样的植物性食品可能引起关注:基于科学依据市场营销过程应该被备案,目的是用来保证抵制过度食用而产生的副作用。要求有合适的标签来表明对健康的副作用可能会解决一些由于引进该植物性食品引起的不良健康问题。

新型植物性食品及其成分的安全评估范例,及它们各种数据来源在第七章图 2 中均被列出。基于这一章节的讨论,在 NNT 看来,从某一个食品植物列表中选择的安全食用史对于在另一个地区建立安全食用史来说是绰绰有余的,因此对于外来水果和蔬菜上市前的评估中可能并不需要超出引用内容的新研究(化学研究、动物研究、人类研究)当然,如果所引用的食用史出于以下原因不能建立完整的安全使用史,还是需要这样的研究:①在植物物种特性、成分数据和食用食物的历史证据方面的缺点,②可能的不良影响的天然性和严重性,以及生理效应的特征;③培养、收获、加工和制备方法导致的不安全后果,④有关可食用量的信息。如果新型植物性食品来源于传统食品的非传统食物部分,或者如果新型植物性食品来源于一种从没有作为人类食品的植物,这些基础化学研究、动物研究、人体研究和接触研究都是需要的。

这份报告以及本报告的建议仅仅涉及了植物来源的作为人类食品的新资源性和安全性。但应当预见到,类似的考虑和大致相同的建议可以被应用到蘑菇的新颖性和安全性上。因为在每个地区几千种蘑菇物种中只有几种可以供人类食用。

对于作为新型安全食物来源的外来水果和蔬菜,本报告给出了该领域的食品安全现状,即在这领域有很少的经验。

每一个确定的关于这些植物性食品的新颖性和安全性的结论都需要慎重考

虑,因为所有方面都需要纳入考虑中,不能遗漏,因为这些结论最后对于全球食品供应和全球食品贸易有巨大的影响,也可能会改变某些大型或小型社区居民的物质和文化上的生存前景。

因此这一章的主题就是主张无论在本地、区域乃至全球各级别之间,在此领域管理和科学间概念和思想持续性互动交流。

# 9　总结和建议

欧盟、澳大利亚/新西兰和加拿大已经纷纷推出对新资源植物性食品上市前的安全报告或评估和批准方面的法规,同时执行这些法规所用到的管理和科学工具也在建设当中。

在这个方面,植物性食品是一个特殊领域,这个领域迫切需要共同认可的对于新型植物性食品的风险评估和风险管理的概念和原理,来保证满足全球有充足的安全并有营养的食品以及确保在相互接受的基础上能进行顺利的国际贸易。

NNT 的报告分析了全球的监管现状并确定了关于植物食品在全球、区域和本地的新资源性和安全性的定义。根据分析的结果 NNT 建议引入:

两阶段管理程序,一是确定新资源性;二是为安全评估下定义和投入资源。

世界范围内的全球性、地区性、本地民族的植物清单上的植物作为第一步决定食品的新资源性的指导和第二阶段的安全评估。

在两阶段管理程序中的第一阶段中,建立一个植物食品的风险相关文件,其中有利益相关者、这个领域的科学家和消费者代表,需考虑产品自身、预期的信息、使用史、风险价值、人体健康、经济及其他可能的结果,以及消费者对于风险和益处的消费观念和社会分配等等。如下讨论的植物列表是在使用史中这些因素的综合。通过这一阶段的讨论得出以下结论:不管这个植物性食品传统上是否区域性的,本地性的还是传统的食品,或者实际上是作为新资源性的植物性食品,都需要按照法规进行安全性评估。

两阶段管理程序中的第二阶段,决定了第一阶段中被定义为新资源植物食品的风险评估政策。在本书中风险评估政策意味着权力部门根据基于科学层面的建议和整个社会价值的判断,来确定上市前科学风险评估程度和应用科学研究数据的顺序。最后,根据灵敏性,特殊性和可预见性进行的风险评估完全依赖于最初的风险评估政策的制定。

对于从一个地区到另一个地区的所谓外来水果和蔬菜的顺利引进,NNT 推荐使用安全史观念作为上市前的核心要素。某种程度上由申请人提交的数据如果有食品的安全食用史，那么申请就有可能被批准，并且不需要提供更多的数据。

　　为了在上市前支持和易使用标准化的和高质量的"食用史"的数据，NNT 推荐建立基于全球范围、不同的区域层面、本地层面或者民族特色层面上的可食用性植物的一个清单。单独的食品清单应该反映该植物食品在该区域或该地或者或者该民族有食用历史。当得到所有这些信息后，一个全球食用植物性食品的框架就生成了。NNT 期望所有列表中数据的综合应用，能够促进植物性食品及其原料的安全性、有益性受到超过政治、经济和文化的互相接受程度界限。很显然，为了科学评估者进行合理的安全评估，这些清单应该有可靠、高质量的信息以及准确的参考来源。NNT 的结论是，从一个发展较好的地区得到的关于一个食品的比较完整的的使用描述记录对于在另一个地区建立安全使用史有足够的条件。因此，像化学研究、动物研究、人体研究和暴露研究等这些新研究内容，可能对于外来的水果和蔬菜在上市前都无多大必要性。当然，如果所引用的使用记录不能建立安全使用记录，或者如果新资源植物食品并不是来自传统食用部分，又或者如果新资源食品是从一种从未作为人类食品的植物中得到时，这些研究还是需要的。

　　这份报告描述了"现状"并给出了食品安全领域的建议，因为在此领域都还只有很少一部分的观念被行政实践和科学的"经验法则"所确定。每一个确定的结论都需要审慎考虑，因为所有潜在的结果都要被纳入考虑中且没有遗漏，因为这些结论最后要对全球食品供应链和食品贸易有巨大影响，且可能会对大、小社会造成物质、文化生存观的改变。

　　因此，NNT 强烈建议在这个领域，无论是从当地、区域性的或全球性的，都要对管理和科学方面进行持续的相互交流。

# 附录 1　此区域内 NUS 的例子

来自 http://www.ipgri.cgiar.org/nus/home.htm。"美洲"一列没有标记，页面上有一个到美国本土水果清单列表的链接(http://www.ciat.cgiar.org/ipgri/fruits_from_americas/frutales/fruits_from_america.htm)。

| 植物学名 | 俗名 | 欧洲 | 亚洲<br>太平洋<br>大洋洲 | 中西亚<br>北非 | 南撒哈拉<br>非洲 | 美洲 |
|---|---|---|---|---|---|---|
| 谷物和假禾谷类作物 | | | | | | |
| 弯臂粟 | 几内亚小米 | | | | × | |
| 直长马唐 | 福尼奥米 | | | | × | |
| 穇子 | 龙爪稷 | | × | | | |
| 荞麦属 | 荞麦 | × | | | | |
| 御谷 | 狼尾草 | | | | × | |
| 黑麦 | 黑麦 | × | | × | | |
| 小米 | 粟 | | × | | | |
| 针茅 | 针茅 | | | × | | |
| 一粒小麦/野生二粒小麦/斯卑尔脱小麦 | 铁壳麦 | × | | × | | |
| 豆类 | | | | | | |
| 紫堇属 | 克斯汀花生 | | | | × | |
| 香豌豆属 | 草香豌豆 | | × | | | |
| 羽扇豆属 | 羽扇豆 | × | | × | | |
| 硬皮豆 | 马豆 | | × | | | |
| 黎豆属 | 黎豆 | | | | × | |
| 赤豆 | 小豆 | | × | | | |
| 四棱豆 | 四棱豆 | | × | | | |
| 延命草属秋葵 | 咖啡土豆 | | | | × | |
| 云雀豆属 | 非洲山药豆 | | | | × | |
| 葫芦巴 | 苦豆 | | | × | | |

（续表）

| 植物学名 | 俗名 | 欧洲 | 亚洲太平洋大洋洲 | 中西亚北非 | 南撒哈拉非洲 | 美洲 |
|---|---|---|---|---|---|---|
| 荞麦豆 | 玛拉玛豆 | | | | × | |
| 刚果落花生 | 非洲花生 | | | | × | |
| **蔬菜** | | | | | | |
| 秋葵 | 羊豆角 | | × | | | |
| 葱属 | 葱、韭菜、韭菜、洋葱、大蒜 | × | | | | |
| 籽粒苋 | 苋菜 | | | | × | |
| 芸苔属 | 芸苔 | × | | × | | |
| 刺山柑属 | 刺山柑 | × | | × | | |
| 菊苣属 | 菊苣 | × | | × | | |
| 长蒴黄麻 | 黄麻 | | | | × | |
| 西瓜 | 西瓜 | | | | × | |
| 白花菜 | 羊角菜 | | | | × | |
| 南瓜 | 南瓜 | | × | | | |
| 朝鲜蓟 | 地中海蓟 | × | | | | |
| 诸葛菜属/芝麻菜属 | 芝麻菜 | × | | | | |
| 洛神葵 | 洛神葵 | | | | × | |
| 锦葵属 | 锦葵 | × | | × | | |
| 朝鲜蓟属 | 黄花蓟/金黄蓟 | | | × | | |
| 佛手瓜 | 佛手瓜 | | × | | | |
| 茄子 | 茄子 | | × | | | |
| 龙葵 | 龙葵 | | × | | | |
| 莴苣缬草 | 野苣 | × | | | | |
| **水果和坚果** | | | | | | |
| 猴面包树 | 猴面包树 | | | | × | |
| 菠萝密 | 面包果/木菠萝 | | × | | | |
| 牛油树 | 非洲酪脂树 | | | | × | |
| 云南假虎刺 | 双刺假虎刺 | | | | × | |
| 角豆树 | 角豆树 | | | × | | |
| 多肉植物属 | 啤酒坚果 | | | | × | |
| 榅桲 | 榅桲 | | | × | | |
| 榴莲 | 榴莲 | | × | × | | |
| 柿科 | 日本枇杷 | | × | | | |
| 无花果 | 无花果 | | | × | | |
| 山竹子 | 山竹果 | | × | | | |

（续表）

| 植物学名 | 俗名 | 欧洲 | 亚洲<br>太平洋<br>大洋洲 | 中西亚<br>北非 | 南撒哈拉<br>非洲 | 美洲 |
|---|---|---|---|---|---|---|
| 非洲芒果 | 野芒果籽 | | | | × | |
| 荔枝 | 荔枝 | | × | | | |
| 西谷椰子 | 西谷椰子 | | × | | | |
| 红毛丹 | 红毛丹 | | × | | | |
| 海枣 | 海枣 | | | × | | |
| 酸浆 | 灯笼果 | × | | | | |
| 开心果 | 开心果 | | | × | | |
| 印度醋栗 | 印度醋栗 | | × | | | |
| 石榴 | 石榴 | | | × | | |
| 李属 | 野生樱桃李属 | | | × | | |
| 马鲁拉树 | 马鲁拉 | | | | × | |
| 酸豆 | 罗望子 | | × | | | |
| 非洲面包树 | 非洲面包树 | | | | × | |
| 枣属 | 枣子 | | × | × | | |
| 饮料,兴奋剂,药品,芳香 | | | | | | |
| 苦艾 | 苦艾 | | | × | | |
| 可乐属 | 可乐果 | | | | × | |
| 芫荽属 | 胡荽 | | × | × | | |
| 藏红花 | 藏红花 | × | | × | | |
| 甘草 | 甘草 | × | | | | |
| 牛至属 | 牛至 | | | × | | |
| 棕榈属 | 酒椰 | | | | × | |
| 辣根 | 辣根 | × | | | | |
| 迷迭香 | 迷迭香 | | | × | | |
| 百里香属 | 百里香 | | | × | | |
| 生姜 | 姜 | | × | | | |
| 工业 | | | | | | |
| 红花属 | 红花 | | × | × | | |
| 盾叶薯蓣 | 甘薯 | | × | | | |
| 小油菊 | 油菊 | | × | | | |
| 月桂 | 月桂树 | × | | × | | |
| 西西里漆树 | 漆树 | | | × | | |
| 芝麻 | 芝麻 | | × | × | × | |
| 西班牙纸草 | 细茎针草 | | | × | | |
| 香根草 | 香根草 | | | | | |

（续表）

| 植物学名 | 俗名 | 欧洲 | 亚洲太平洋大洋洲 | 中西亚北非 | 南撒哈拉非洲 | 美洲 |
|---|---|---|---|---|---|---|
| 草料与枝叶饲料 | | | | | | |
| 滨藜属 | 滨藜 | | | × | | |
| 鸭茅 | 鸭茅 | | | × | | |
| 岩黄芪属 | 冠状岩黄芪 | × | | × | | |
| 草豌豆属 | 草香豌豆 | | × | × | × | |
| 银合欢 | 银合欢 | | × | | | |
| 黍属 | 黍 | | × | | | |
| 猪毛菜属 | 蓟 | | | × | | |
| 林木 | | | | | | |
| 冷杉属 | 冷杉 | × | | × | | |
| 金合欢属 | 金合欢 | | | × | × | |
| 刺柏属 | 杜松 | × | | × | | |
| 黄连木属 | 野生阿月浑子 | × | | × | | |
| 栎属 | 橡树 | × | | × | | |
| 根及块茎 | | | | | | |
| 薄荷科 | 加纳土豆 | | | | × | |
| 芋 | 芋艿 | | × | | × | |
| 薯蓣属 | 甘薯 | | × | | × | |
| 防风草 | 欧洲防风草 | × | | | | |
| 嵩草属 | 非洲山药豆 | | | | × | |

# 附录 2　基于全球植物食品 FAO 列表的全球列表草案

| | 项目 | 百万吨 | | 项目 | 百万吨 |
|---|---|---|---|---|---|
| 1 | 甘蔗 | 1 333.253 | 28 | 葵花子 | 27.740 |
| 2 | 玉米 | 638.043 | 29 | 哈密瓜和其他西瓜 | 26.749 |
| 3 | 大米 | 589.126 | 30 | 燕麦 | 26.269 |
| 4 | 小麦 | 556.349 | 31 | 芒果 | 25.563 |
| 5 | 土豆 | 310.810 | 32 | 胡萝卜 | 23.321 |
| 6 | 甜菜 | 233.487 | 33 | 红辣椒和胡椒 | 23.248 |
| 7 | 大豆 | 189.234 | 34 | 无核小蜜橘 | 20.950 |
| 8 | 木薯 | 189.100 | 35 | 莴苣 | 20.810 |
| 9 | 大麦 | 141.503 | 36 | 豆类,干 | 19.038 |
| 10 | 甘薯 | 121.853 | 37 | 梨 | 17.191 |
| 11 | 西红柿 | 113.308 | 38 | 橄榄 | 17.169 |
| 12 | 西瓜 | 91.790 | 39 | 花椰菜 | 15.948 |
| 13 | 香蕉 | 69.286 | 40 | 黑麦 | 14.851 |
| 14 | 卷心菜 | 65.956 | 41 | 桃子和油桃 | 14.788 |
| 15 | 葡萄 | 60.833 | 42 | 菠萝 | 14.616 |
| 16 | 高粱 | 59.584 | 43 | 大蒜 | 13.696 |
| 17 | 苹果 | 57.967 | 44 | 柠檬和酸橙 | 12.452 |
| 18 | 籽棉 | 56.097 | 45 | 菠菜 | 11.862 |
| 19 | 椰子 | 52.940 | 46 | 豌豆,干 | 10.248 |
| 20 | 洋葱 | 52.547 | 47 | 黑小麦 | 10.245 |
| 21 | 山药 | 39.913 | 48 | 李子 | 10.110 |
| 22 | 黄瓜和小黄瓜 | 39.599 | 49 | 绿玉米 | 9.066 |
| 23 | 油菜籽 | 36.146 | 50 | 芋头(可可山药) | 8.939 |
| 24 | 带壳花生 | 35.658 | 51 | 豌豆,干 | 8.914 |
| 25 | 大蕉 | 32.974 | 52 | 咖啡,绿色 | 7.796 |
| 26 | 小米 | 29.806 | 53 | 棕榈仁 | 7.503 |
| 27 | 茄子 | 28.994 | 54 | 鹰嘴豆 | 7.123 |

| | 项目 | 百万吨 | | 项目 | 百万吨 |
|---|---|---|---|---|---|
| 55 | 枣子 | 6.749 | 71 | 辣椒,甜胡椒 | 2.482 |
| 56 | 木瓜 | 6.342 | 72 | 柿子 | 2.430 |
| 57 | 芦笋 | 6.288 | 73 | 亚麻籽 | 2.091 |
| 58 | 豆类,绿色 | 5.933 | 74 | 腰果 | 2.034 |
| 59 | 秋葵 | 4.940 | 75 | 荞麦 | 2.008 |
| 60 | 柚子 | 4.697 | 76 | 樱桃 | 1.872 |
| 61 | 蚕豆,干 | 4.033 | 77 | 杏仁 | 1.679 |
| 62 | 牛豌豆,干 | 3.722 | 78 | 腰果梨 | 1.671 |
| 63 | 可可豆 | 3.257 | 79 | 四季豆 | 1.625 |
| 64 | 茶 | 3.207 | 80 | 羽扇豆 | 1.593 |
| 65 | 草莓 | 3.199 | 81 | 核桃 | 1.446 |
| 66 | 扁豆 | 3.093 | 82 | 洋蓟 | 1.171 |
| 67 | 鸽豆 | 3.053 | 83 | 无花果 | 1.087 |
| 68 | 牛油果 | 3.040 | 84 | 酸樱桃 | 1.055 |
| 69 | 芝麻种子 | 2.942 | 85 | 蚕豆,绿色 | 1.052 |
| 70 | 杏子 | 2.529 | | | |

# 附录 3  以 NETTOX 食用植物名单为
## 基础拟定的区域性植物

区域性食用植物是欧盟从 1997 年开始收录被附录 2 中联合国粮食农业组织剔除的 NETTOX 食用植物。

| 中文名称 | 英语名称 | 拉丁名 |
|---|---|---|
| 糖槭 | | *Acer saccharum Marsh.* |
| 非洲豆蔻 | Alligator pepper, guinea grains | *Aframomum melegueta（Rosc.）K. Schum.* |
| 高良姜 | Lesser galangal | *Alpinia officinarum Hance* |
| 莳萝 | Dill | *Anethum graveolens L.* |
| 当归 | Angelica | *Angelica archangelica L.* |
| 番荔枝 | Cherimoya | *Annona cherimola Mill.* |
| 圆滑番荔枝 | Pond apple | *Annona glabra L.* |
| 刺果番荔枝 | Soursop | *Annona muricata L.* |
| 牛心果 | Bullock's heart | *Annona reticulata L.* |
| 洋甘菊 | Noble chamomile, roman chamomile | *Anthemis nobilis L.* |
| 芹菜 | Celery, celeriac | *Apium graveolens L.* |
| 面包果 | Breadfruit, breadnut | *Artocarpus communis J. R. et J. G. A. Foster* |
| 榆钱菠菜 | Orache, garden orache | *Atriplex hortensis L.* |
| 杨桃 | Carambola, starfruit, caramba | *Averrhoa carambola L.* |
| 木耳菜 | Malabar spinach, Ceylon spinach, Indian spinach | *Basella alba L.* |
| 欧洲伏牛花 | European barberry | *Berberis vulgaris L.* |
| 甜菜 | Chard, swiss chard, leaf beet, spinach beet | *Beta vulgaris L. ssp. vulgaris var. cicla L. s. l.* |
| 琉璃苣 | Borage | *Borago officinalis L.* |
| 香菜 | Caraway | *Carum carvi L.* |
| 咖啡菊苣 | Coffee chicory | *Cichorium intybus L. cv sativum* |

（续表）

| 中文名称 | 英语名称 | 拉丁名 |
|---|---|---|
| 桂皮 | Chinese cinnamon, Chinese cassia | *Cinnamomum aromaticum Nees* |
| 阴香 | Batavia cinnamon, padang cassia | *Cinnamomum burmanii Bl.* |
| 锡兰肉桂 | Ceylon cinnamon | *Cinnamomum zeylandicum Schaeff.* |
| 柑橘树 | King mandarin tree | *Citrus nobilis L.* |
| 岩荠 | Spoon-wort, scurvy-grass | *Cochlearia officinalis L.* |
| 胡荽 | Coriander | *Coriandrum sativum L.* |
| 山茱萸 | Cornelian cherry, cornel tree | *Cornus mas L.* |
| 藏红花 | Saffron, crocus | *Crocus sativus L.* |
| 孜然芹 | Cumin, cummin | *Cuminum cyminum L.* |
| 印度藏红花 | Common turmerio, Turmeric plant, Indian saffron | *Curcuma longa L.* |
| 片姜黄 | Zedoary | *Curcuma zedoaria（Bergius）Rosc.* |
| 西印度柠檬草 | Sere-grass, lemongrass, West Indian lemon-grass | *Cymbopogon citratus（D.C.）Stapf.* |
| 刺棘蓟 | Cardoon | *Cynara cardunculus* |
| 地栗 | Earth almond, yellow nutsedge | *Cyperus esculentu* |
| 菱角 | Water chestnut, matting reed, Chinese water chestnut | *Eleocharis dulcis（Burm. F.）Trinius ex Henschel* |
| 小豆蔻 | Cardamon plant, cluster | *Elettaria cardamomum（L.）Maton* |
| 芝麻菜 | Rocket salad | *Eruca sativa Mill.* |
| 苏利南樱桃 | Surinam cherry, Brazil cherry | *Eugenia uniflora L.* |
| 金橘 | Marumikunquat, round kunquat | *Fortunella japonica（Thumb.）Swingle* |
| 金橘 | Kunquat, kunquat maruoni | *Fortunella margarita（Lour）S.* |
| 野草莓 | Wild strawberry | *Fragaria vesca L.* |
| 弗吉尼亚草莓 | Scarlet strawberry, Virginia strawberry | *Fragaria virginiana Mill.* |
| 甘草 | Liquorice | *Glycyrrhiza glabra L.* |
| 棉花 | Cotton | *Gossypium Sp.* |
| 洋姜 | Topinambur, Jerusalem artichoke | *Helianthus tuberosus L.* |
| 玫瑰茄 | Roselle | *Hibiscus sabdariffa L.* |
| 牛膝草 | Hyssop | *Hyssopus officinalis L.* |
| 八角茴香 | Chinese anise, star anise tree | *Illicium verum J. D. Hook* |
| 空心菜 | Water Spinach | *Ipomoea aquatica Forsk.* |
| 杜松 | Juniper | *Juniperus communis L.* |
| 扁豆 | Hyacinth bean, bonavist bean, lablab bean | *Lablab purpureus（L.）Sweet* |

（续表）

| 中文名称 | 英语名称 | 拉丁名 |
| --- | --- | --- |
| 松乳菇 | Delicicus lactarius | *Lactarius deliciosus Fr.* |
| 多刺莴苣 | Prickly lettuce | *Lactuca serriola Turner L.* |
| 葫芦 | Bottle gourd, calabash gourd | *Lagenaria siceraria（Molina）Standl* |
| 草香豌豆 | Chickling vetch, grasspea, kaasari | *Lathyrus sativus L.* |
| 月桂 | Sweet bay, laurel, bay tree | *Laurus nobilis L.* |
| 牛肝菌 | Boletus | *Leccinum scabrum Fr.* |
| 当归 | Lovage, garden lovage | *Levisticum officinale W. Koch* |
| 柠檬马鞭草 | Lemon verbena | *Lippia triphylla（L'Hér.）Kuntze* |
| 金虎尾 | Acerola | *Malpighia punicifolia L.* |
| 人参果 | Sapodilla, chicle | *Manilkara zapota（L.）van Royen* |
| 香油 | Balm, lemon balm | *Melissa officinalis L.* |
| 绿薄荷 | Spearmint | *Mentha spicata L.* |
| 留兰香 | Spearmint | *Mentha spicata L. emend L.* |
| 苦瓜 | African cucumber, balsam epar, balsam apple | *Momordica charantia L.* |
| 甜罗勒 | Sweet basil, common basil | *Ocimum basilicum L.* |
| 甘牛至 | Sweet majoram | *Origanum majorana L.* |
| 野马郁兰 | Wild marjoram, European oregano | *Origanum vulgare L.* |
| 瓜拉纳 | Guaraná | *Paullina cupana H. B. K.* |
| 红姑娘 | Chinese lantern, winter cherry | *Physalis alkekengi L.* |
| 灯笼果 | Cape gooseberry | *Physalis peruviana L.* |
| 甜胡椒 | Allspice, Jamaica pepper | *Pimenta dioica（L.）Merr.* |
| 茴芹 | Anise | *Pimpinella anisum L.* |
| 马齿苋 | Purslane | *Portulaca oleracea L. ssp. sativa（Haw.）Celak.* |
| 红叶李 | Cherry-plum tree, myrobalan-plum tree | *Prunus cerasifera Ehrh.* |
| 李子 | Japanese plum | *Prunus salicina Lindl.* |
| 番石榴 | Brasilian guava, Guinea guaava, guisaro | *Psidium guineense* |
| 海石蕊 | Archil, orchil, angola weeb | *Rorippa Nasturtium-aquaticum（L.）Hayeck.* |
| 犬蔷薇 | Dog rose, wild rose | *Rosa canina L.* |
| 迷迭香 | Rosemary | *Rosmarinus officinalis L.* |
| 云莓 | Cloudberry | *Cloudberry* |

（续表）

| 中文名称 | 英语名称 | 拉丁名 |
|---|---|---|
| 黑莓 | Blackberry | *Rubus fruticosus L.* |
| 覆盆子 | Raspberry | *Rubus ideaus L.* |
| 鼠尾草 | Sage | *Salvia officinalis L.* |
| 巴西胡椒 | Brazilian peppertree | *Schinus terebinthifolius Raddi* |
| 芝麻 | Sesamum indicum L. | *Sesamum indicum L.* |
| 宝塔菜 | Chinese artichoke，Japonese artichoke， | *Stachys affinis Bunge* |
| 褐环如牛肝菌 | Ringed boletus | *Suillus luteus Fr.* |
| 丁香树 | Clove tree | *Syzygium aromaticum（L.）Merr. & L. M. Perry* |
| 蒲桃 | Rose apple，jambos | *Syzygium jambos（L.）Alston* |
| 蒲公英 | Dandelion | *Taraxacum officinale Weber* |
| 番杏 | New Zealand spinach | *Tetragonia tetragonioides（Pall.）Kuntze* |
| 欧百里香 | Wild thyme，creeping thyme | *Thymus serpillum L.* |
| 麝香草 | Garden thyme，common thyme | *Thymus vulgaris L.* |
| 小叶酸橙树 | Small-leaved lime tree，winter linden tree | *Tilia cordata Mill.* |
| 大叶酸橙树 | Large -leaved lime tree，summer linden | *Tilia platophyllos Scop.* |
| 菱角 | Water chestnut，caltrops | *Trapa natans L.* |
| 非洲面包果 | African breadfruit | *Treculia africana L.* |
| 葫芦巴 | Fenugreek | *Trigonella foenum-graecum L.* |
| 水芹 | Indian cress，garden nasturtium | *Tropaeolum majus L.* |
| 松露 | Truffle | *Tuber melanosporum Vitt.* |
| 荨麻 | Nettle，stinging nettle | *Urtica dioica L.* |
| 笃斯越橘 | | *Vaccinium uliginosum L.* |
| 越橘 | Cowberry | *Vaccinium vitis-idaea L.* |
| 野苣 | Cornsalad，lamb's lettuce | *Valerianella locusta（L.）Laterrade* |
| 赤豆 | Adzuki bean | *Vigna angularis（Willd.）Ohwi et Ohashi* |
| 黑绿豆 | Black gram | *Vigna mungo（L.）Hepper* |
| 大枣 | Chinese date | *Ziziphus ziziphus L. Meikle* |

# 参 考 文 献

[ 1 ] The Advisory Committee on Novel Foods and Processes. ACNFP annual report: report of Ministry of Agriculture, Fisheries and Food and Department of Health [R]. 1999.

[ 2 ] The Advisory Committee on Novel Foods and Processes. ACNFP. annual report: Appendix IX, ACNFP report on seeds from the narrow leaved lupine (Lupinus angustifolius), 14 - 15, 107 - 123 [R]. Ministry of Agriculture, Fisheries and Food and Department of Health, 1996.

[ 3 ] Food Standards Agency: ACNFP annual report 2003 (2004) [R/OL]. London, U. K. http://www. food. gov. uk/multimedia/pdfs/acnfp2003. pdf.

[ 4 ] ALLEN J G. Toxins and lupinosis[G]//Lupin as Crop Plants. Biology, Production and Utilization. GLADSTONES J S, ATKINS C A, HAMBLIN J, et al. CAB International, 1998:411 - 435.

[ 5 ] ANDERSSON C. Glycoalkaloids in tomatoes, eggplants, pepper and two Solanum species growing wild in the Nordic countries [M]. TemaNord 1999:599,1999.

[ 6 ] BAST A, CHANDLER R F, CHOY P C, et al. Botanical health products, positioning and requirements for effective and safe use [J]. Environ. Toxicol. Pharmacol. , 2002,12:195 - 211.

[ 7 ] BEIER R C. Natural pesticides and bioactive components in foods [J]. Rev Environ Contam Toxicol, 1990,113:47 - 137.

[ 8 ] BOULTER G S. The History and Marketing of Rapeseed Oil in Canada [J]. //KRAMER J K G, SAUER F D, PIDGEN W J, et al. High and Low Erucic Acid Rapeseed Oils. Academic Press, 1983.

[ 9 ] BRACK E G G A. Diccinario enciclopédico de plantas útiles del Perú [C].

Lima，Peru：PNUD/CBC，1999.

[10] BUBLIN M，MARI A，EBNER C，et al. IgE sensitization profiles toward green and gold kiwifruits differ among patients allergic to kiwifruit from 3 European countries [J]. J. Allergy Clin. Immunol，2004，114：1169 - 1175.

[11] CELLINI F，CHESSON A，COLQUHOUN I，et al. Unintended effects and their detection in genetically modified crops [J]. Food Chem. Toxicol，2004，42：1089 - 1125.

[12] CFSAN. Phytohaemagglutinin [S/OL]. Center for Food Safety & Applied Nutrition，U. S. Food & Drug Administration：Foodborne Pathogenic Microorganisms and Natural Toxins Handbook (Bad Bug Book)，1992. http：//www. cfsan. fda. gov/～mow/chap43. html.

[13] CHANG J M，HWANG S J，KUO H T，et al. Fatal outcome after ingestion of star fruit (*Averrhoa carambola*) in uremic patients [J]. Am. J. Kidney Dis，2000，35：189 - 193.

[14] CHANG C T，CHEN Y C，FANG J T，et al. Star fruit (Averrhoa carambola) intoxication：an important cause of consciousness disturbance in patients with renal failure [J]. Renal Failure，2002，24：379 - 382.

[15] CHEN C L，FANG H C，CHOU K J，et al. Acute oxalate nephrophathy after ingestion of star fruit [J]. Am. J. Kidney Dis，2001，37：418 - 422.

[16] CHEN C L，CHOU K J，WANG J S，et al. Neuro-toxic effects of carambola in rats：the role of oxalate [J]. J. Formos. Med. Assoc. , 2002，101：337 - 341.

[17] Codex Alimentarius. Foods derived from biotechnology [G]. //FAO/WHO，Rome Coppens D'Eeckenbrugge G，Ferla DL. Fruits from America. An Ethnobotanical inventory，2000.

[18] IPGRI (International Plant Genetic ResourcesInstitute). http：//www. ciat. cgiar. org/ipgri/fruits_from_americas/frutales/fruits_from_america. htm.

[19] DYBING E，DOE J，GROTEN J，et al. Hazard characterisation of chemicals in food and diet：dose response，mechanisms and extrapolation issues [J]. Food Chem. Toxicol，2002，40：237 - 282.

[20] EISENBRAND G, POOL - ZOBEL B, BAKER V, et al. Methods of in vitro toxicology [J]. Food and Chemical Toxicology, 2002, 40 (2 - 3): 193 - 236.

[21] ENGLISH R M, AALBERSBERG W, SCHEELINGS P. Pacific Island Foods [M]. Suva: Institute of Applied Sciences Techn, 1996.

[22] European Commission. Commission recommendation of 29 July 1997 concerning the scientific aspects and the presentation of information necessary to support applications for the placing on the market of novel foods and novel food ingredients and the preparation of initial assessment reports under Regulation (EC) No 258/97 of the European Parliament and of the Council [N]. Official Journal, 1997, L 253:0001 - 0036.

[23] FABECH B, BRYHNI K, FORSHELL L P, et al. A Practical Approach to the Application of the Risk Analysis Process. Illustrated with two examples caffeine and campylobacter [M]. TemaNord, 2002.

[24] FANG H C, CHEN C L, WANG J S, et al. Acute oxalate nephropathy induced by star fruit in rats [J]. American Journal of Kidney Diseases, 2001,38(4):876 - 880.

[25] FAO. Report on the State of the World's Plant Genetic Resources for Food and Agriculture, prepared for the International Technical Conference on Plant Genetic Resources, Leipzig, Germany [M]. Rome: Food and Agriculture Organisation of the United Nations, 1996.

[26] FAOSTAT. Agricultural Data [DB/OL]. 2004. http://faostat. fao. org/ faostat/collections? subset=agriculture.

[27] FAO/WHO. Application of Risk Analysis to Food Standard Issues. Report of the Joint. FAO/WHO [R]. Geneva: WHO, 1995.

[28] FAO/WHO. Risk Management and Food Safety. Report of a Joint FAO/ WHO Consultation [R]. Rome: FAO, 1997.

[29] FAO/WHO. Safety aspects of genetically modified foods of plant origin. Report of a joint FAO/WHO Expert Consultation on Foods Derived from Biotechnology [R]. Geneva: WHO, 2000.

[30] FAO/WHO. Evaluation of Allergenicity of Genetically Modified Foods. Report of a Joint FAO/WHO [R]. Geneva: WHO, 2001.

[31] FAO/WHO Expert Consultation on Allergenicity of Foods Derived from Biotechnology [R]. Rome: Food and Agriculture Organisation of the United Nations, 2001.

[32] FERGUSON A R. New Temperate Fruits: Actinidia chinensisand Actinidia deliciosa [M]. Alexandria: ASHS Press, 1999.

[33] FREMONT S, MONERET-VAUTRIN D A, NICOLAS J P. Allergenicity of the nan-gai nut [J]. Allergy, 2001,56(6):581.

[34] FSANZ. Erucic Acid in Food: A Toxicological Review and Risk Assessment. Technical Report Series [R/OL]. Canbarra: No. 21. Food Standards Australia New Zealand, 2003, http://www. foodstandards. gov. au/mediareleasespublications/publications/.

[35] FSANZ. Australia New Zealand Food Standards Code [S/OL]. Standard 1. 5. 1 Novel Foods Including Amendment 70 (FSC 12), 29 April 2004. http://www. foodstandards. gov. au/foodst. andardscode/

[36] FSANZ. General information to assist in applying to amend the Australian New Zealand Food Standards Code-Novel foods Updated April 2004 [S/OL]. http://www. foodstandards. gov. au/_ srcfiles/Novel _ Food _ Guidelines_June_2004. pdf

[37] GEPTS P. A comparison between crop domestication, classical plant breeding and genetic engineering [J]. Crop Science, 2002,42(6):1780-1790.

[38] GETAHUN H, LAMBEIN F, VANHOORNE M, et al. Food-aid cereals to reduce neurolathyrism related to grass-pea preparations during famine [J]. Lancet, 2003,362(9398):1808-10.

[39] GETAHUM H, LAMBEIN F, VANHOORNE M, et al. Neurolathyrism risk depends on type of grass pea preparation and mixing with cereals and antioxidants [J]. Tropical Medicine and International Health, 2005,10:169-178.

[40] Health Canada. Guidelines for the safety assessment of Novel Foods [S/OL]. URL , 1994[1994-9]. http://www. hc-sc. gc. ca/fn-an/alt_formats/ hpfb-dgpsa/pdf/legislation/novele_e. pdf.

[41] Health Canada. Regulations Amending The Food and Drugs Regulations

(948-Novel Foods) [S/OL]. URL, 1999[1999-10-27].

http://www. hc-sc. gc. ca/fn-an/alt _ formats/hpfb-dgpsa/pdf/gmf-agm/ schedule-annexe948_e. pdf.

[42] HEGARTY M P, HEGARTY E E, WILLS R B H. Food safety of Australian plant bushfoods [EB]. Rural Industries Research and Development Corporation. New Plant Products Research and Development, Queensland, Australia, 2001.

[43] HERMANN M. The amendment of the EU Novel Food Regulation: opportunity for recognizing the special status of exotic traditional foods, International Plant Genetic Resources Institute [C]. Discussion paper, 2004.

[44] HOWLETT J, EDWARDS D G, COCKBURN A, et al. The safety assessment of Nover Foods and concepts to determine their safety in use [J]. International Journal of Food Sciences and Nutrition, 2003,54Supp 1:S1 – S2.

[45] ILSI (International Life Sciences Institute). Application and use of the term "History of Safe Use" in the safety assessment of novel foods, and foods and feeds derived from GM crops [C]. Novel Food Task Force group and invited experts meeting, Europe, October, 2003.

[46] IPGRI(International Plant Genetic Re-sources Institute). Conserving and increasing the Use of Neglected and Underutilized Crop Species [S/OL]. Examples of NUS in the Regions, 2004. http://www. ipgri. cgiar. org/ nus/home. htm.

[47] JANICK J. New crops and the search for new food resources [C]. In: Perspectives on new crops and new uses, 104 – 110,1999.

[48] JOHANNS E S, VAN DER KOLK L E, VAN GEMERT H M, et al. Én epidemie van epileptische annvallen na drinken van kruidenthee [J]. Nederlands tijdschrift voor geneeskunde, 2002,146:813 – 816.

[49] KIMBER I, DEARMAN R J. Approaches to assessment of the allergenic potential of nover proteins in food from genetically modified crops [J]. Toxicology Science, 2002,68:4 – 8.

[50] KNUDSEN I, POULSEN M. Testing of Genetically Modified Foods for

safety and nutritional adequacy in the 90-Day Rat Feeding Study: Overall Strengths and Weaknesses, Possibilities and Limitations Discussed on the Basis of the Experiences gained from the SAFOTEST Approach [J]. Submitted to Food and Chemical Toxicology.

[51] KUNKEL G. Plants for human con-sumption an annotated checklist of the edible phanerogams and ferns [M]. Koeltz Scientific Books, Königstein, Germany, 1984.

[52] KÖNIG A, COCKBURN A, CREVEL RWR, et al. Assessment of the safety of food derived from genetically modified (GM) crops [J]. Food and Chemical Toxicology, 2004,42:1047 - 1088.

[53] LEVNEDSMIDDELSTYRELSEN. Bønner skal tilberedes rigtigt-ellers kan de være skadelige [M]. Søborg, 1990, Denmark.

[54] LUCAS J S A, LEWIS S A, HOURIHANE J O B. Kiwi fruit allergy: A review [J]. Pediatric Allergy and Immunology, 2003,14:420 - 428.

[55] LUCAS J S A, GRIMSHAW K E C, COLLINS K, et al. Kiwi fruitis a significant allergen and is associated with differing patterns of reactivityin children and adults [J]. Clinical and Experimental Allergy, 2004,34:1115 - 1121.

[56] MARTIN L C, CARAMORI J S T, BARRETI P, et al. Intractable hiccups induced by carambola (Averrhoa carambola) ingestion in patients with end-stage renal failure [J]. Journal Brasileiro de Pneumologia, 1993, 15:92 - 94.

[57] MCCLEAN P, KAMI J. Ge-nomics and Genetic Diversity in Com-mon Bean. In: Legume Crop Genomics [C]. 60 - 82, AOCS Press, Gepts P 2004.

[58] MILLONIG G, STALDMANN S, VOGEL W. Herbal hepatotoxicity: acute hepatitis caused by a Noni preparation (Morinda citrifolia) [J]. European Journal of Gastroenterology and Hepatology, 2005,17: 445 - 447.

[59] MORISSET M, BOULEGUE M, BEAUDOUIN E, et al. Anaphylaxie alimentaire sévère et léthale cas rapportés en 2002 par le réseau d'allergovigilance [J]. Rev. Fr. Allergol. Immunol. Clin. , 2003,43:480 -

485.

[60] MORRIS S C, LEE T H. The toxicity and teratogenicity of Solanaceae glycoalkaloids, particularly those of the potato (Solanum tuberosum): a review [J]. Food Tech,1984,36:118 - 124.

[61] MORTON J F. Oxalidaceae. In: Fruits of Warm Climates [M]. Miami: Flair Books, 1987:125 - 128.

[62] MOYSES NETO M, ROBL F, COUTINHO NETTO J. Intoxication by star fruit (Averrhoa carambola) in six dialysis patients? (Preliminary report) [J]. Nephrology Dialysis Transplantation, 1998,13:570 - 572.

[63] MOYSES NETO J, CARDEAL DA COSTA JA, GARCIA - CAIRASCO N, et al. Intoxication by star fruit (Averrhoa carambola) in 32 uraemic patients: treatment and outcome [J]. Nephrology Dialysis Transplantation, 2003,18:120 - 125.

[64] MYERS N. A wealth of wild species: storehouse for human welfare [M]. Boulder: Westview Press, 1983.

[65] NETTOX. Nettox List of Food Plants. Information on inherent food plant toxicants, report 2 [R]. Søborg, Denmark: Danish Vet. Food Adm, 1997.

[66] OECD. Consensus Document on Compositional Considerations for New Varieties of Maize (Zea Mays): Key Food and Feed Nutrients, Anti-nutrients and Secondary Plant Metabolites. Series on the Safety of Novel Foods and Feeds [R/OL]. Paris: No. 6. Organisation for Economic Cooperation and Development, 2002. http://www. olis. oecd. org/olis/ 2002doc. nsf/LinkTo/env-jm-mono (2002)25.

[67] PANCIERA R J, MARTIN T, BURROWS G E, et al. Acute oxalate poisoning attributable to ingestion of curly dock (Rumex crispus) in sheep [J]. J. Am. Vet. Med. Assoc. , 1990,196:1981 - 1984.

[68] PANTER K E, KEELER R F. Quino-lizidine and piperidine alkaloid terato-gens from poisonous plants and their mechanism of action in animals [J]. Vet. Clin. North Am. Food Anim. Pract. , 1993,9:33 - 40.

[69] PETTERSON D S, ELLIS Z L, HARRIS D J, et al. Acute toxicity of the major alkaloids of cultivated Lupinus angusti-folius seed to rats [J]. J.

Appl. Toxicol, 1987,7:51 - 53.

[70] RADCLIFFE M. Lupin flour anaphy-laxis [J]. Lancet, 2005,365:1360.

[71] RAO S L N. Do we need more research on neurolathyrism? [J]. Lathyrus Lathyrism Newsletter, 2001,2:2 - 4.

[72] ROBBINS M C, PETTERSON D S, BRANTOM P G. A 90-day feeding study of the alkaloids of Lupinus angustifolius in the rat [J]. Food Chem. Toxicol. , 1996,34:679 - 686.

[73] SAMPSON H A, BURKS A W. Mecha-nisms of food allergy [J]. Annu. Rev. Nutr. , 1996,16:161 - 177.

[74] SANZ P, REIG R. Clinical and patho-logical findings in fatal plant oxalosis: A review [J]. Am. J. Forensic Med. Pathol. , 1992,13:342 - 345.

[75] SCF. Opinion on the safety assessment of the nuts of the Ngali tree. SCF/ CS/NF/DOS/5 ADD 1 REV 3 final [R/OL]. [ Sine loco]: SCF,2000, http://europa. eu. int/comm/food/fs/sc/scf/ out54_en. pdf

[76] SCF. Opinion of the Scientific Committee on Food on Tahitian Noni juice. SCF/CS/NF/DOS/18 ADD 2 Final [R/OL]. [ Sine loco]: SCF, 2002, http://europa. eu. int/comm/food/fs/sc/scf/out151_en. pdf

[77] SCHILTER B, ANDERSSON C, ANTON R, et al. Guidance for the safety assessment of botanicals and botanical preparations for use in food and food supplements [J]. Food Chem Toxicol. , 2003,41:1625 - 49.

[78] SCHMIDLIN - MESZAROS J. Eine Nahrungsmittelvergiftung mit Lupinenbohnen [J]. Mitt. Geb. Lebensm. Hyg. , 1973,64:195 - 205.

[79] SIDDIQUE K, HANBURY C. "Ceora": Australia's first grasspea variety [N]. CLIMA (Centre for Legumes in Medi-terranean Agriculture) newsletter, April 2005.

[80] SLANINA P. Assessment of health-risks related to glycoalkaloids ("So-lanine") in potatoes: A Nordic view. Report from Nordic Working Group on Food Toxicology and Risk Assessment [J]. Vår Föda, 1990, 43Suppl: 1 - 15.

[81] SPENCER P S, LUDOLPH A, DWIVEDI M P, et al. Lathyrism: evidence for role of the neu-roexcitatory aminoacid BOAA [J]. Lancet,

1986,328:1066 - 1067.

[82] SPENCER P S, LUDOLPH A, DWIVEDI M P, et al. Lathyrism: evidence for role of the neuroexcitatory aminoacid BOAA [J]. Lancet, 1986,328:1066 - 1067.

[83] SSC (2000): First Report of the Scientific Steering Committee on the Harmonisation of Risk Assessment Procedures. European Commission, Health & Consumer Protection Directorate General [R/OL]. http://europa. eu. int/comm/food/fs/sc/ssc/out83_en. pdf

Appendices: http://europa. eu. int/comm/food/fs/sc/ssc/out84_en. pdf

[84] SSC (2003a): Second Report of the Scientific Steering Committee on the Harmonisation of Risk Assessment Procedures. European Commission, Health &Consumer Protection Directorate General [R/OL]. http://europa. eu. int/comm/food/fs/sc/ssc/out361_en. pdf.

[85] SSC (2003b): Final Report on Setting the Scientific Frame for the Inclusion of New Quality of Life Concerns in the Risk Assessment Process. [R/OL]. Adopted 10 - 11 April 2003. http://europa. eu. int/comm/food/fs/sc/ssc/out357_en. pdf

[86] STADLBAUER V, FICKERT P, LACKNER C, et al. Hepatotoxicity of NONI juice: Report of two cases [J]. World Journal of Gastroenterol, 2005,11:4758 - 60.

[87] STEN E, STANL SKOV P, ANDERSEN SB, et al. Allergenic components of a novel food, Micronesian nut Nangai (Canarium indicum), shows IgE crossreactivity in pollen allergic patients [J]. Allergy, 2002, 57:398 - 404.

[88] TAP N, BICH NK. Morinda citrifolia L. In: Plant Resources of South-East Asia No. 12(3): Medicinal and poisonous plants. [M]. Leiden: The Netherlands, 2005,304 - 305.

[89] THOMSON L A J, EVANS B. Canarium indicum var. Indicum and C. harveyi ( Canarium nut ) In: Species Profiles for Pacific Island Agroforestry. CR Elevitch ( ed. ) Permanent Agriculture Resources (PAR), Holualoa, Hawaii. [R/OL]. 2004. http://www. traditionaltree. org.

[90] TSE K C, YIP P S, LAM M F, et al. Star fruit intoxication inuraemic patients: case series and review of the literature [J]. Intern. Med. J., 2003,33:314 – 316.

[91] WEISS E, WETTERSTORM W, NADEL D, et al. The broad spectrum revisited: Evidence from plant remains [J]. Proc. Natl. Acad. Sci., 2004,101:9551 – 9555.

[92] WHO. Principles for the safety assessment of food additives and contaminants in food. No. 70 [S]. WHO, Geneva, 1987.

[93] WHO. Principles for assessment of risk to human health from exposure to chemicals. No. 210 [S]. WHO, Geneva, 1999.

[94] WHO. GEMS/FOOD Regional Diets-Regional per capita Consumption of raw and Semi-processed Agricultural Commodities [C/OL]. 2003. http://www. who. int/foodsafety/chem/gems_regional_diet. pdf

[95] WILSON E O. The Diversity of Life [M]. Penguin: London, 1992.

[96] WINK M, MEISSNER C, WITTE L. Patterns of quinolizidine alkaloids in 56 species of the genus Lupinus [J]. Phytochemistry, 1995,38:139 – 153.

[97] YANG S H, WANG H L, WANG W C. Studies on the changes of organic acid and sugar content of carambola during pickling process. J. Agr. Res. China, 1995,44:135 – 146.

[98] ZOHARY D, HOPF M. Domestication of Plants in the Old World: The origin and spread of cultivated plants in West Asia, Europe and the Nile Valley [M]. Oxford University Press: New York, 2000.